深入大吉嶺
探尋 頂級莊園紅茶

邱震忠、楊適璟 | 著

戀戀大吉嶺

　　2012年一部不同於印度寶萊塢歌舞風格的電影《戀戀大吉嶺》（BARFI！）中，又聾既啞的男主角及天生自閉的女主角，生動地詮釋了純情至愛的美麗意境，片中一幕幕大吉嶺景色湧現，情緒又一次次回到那初訪茶園時的悸動，及初品大吉嶺莊園茶的驚豔。那茶湯純淨真實的風土滋味，就像這部電影一般，純粹地令人感動！

　　對多數人來說，大吉嶺紅茶，是熟悉，也是陌生；常聽到，好像也能輕易喝到，無論是街邊外帶茶飲店或超市架上，所謂大吉嶺紅茶俯拾皆是。但很少人認真想過，究竟喝的真是大吉嶺紅茶嗎？細細探究後才了解到，大吉嶺紅茶就如臺灣茶般，缺口甚大，市場上我們喝到的不盡然都是大吉嶺紅茶。一旦真正品飲了原產地莊園紅茶後，常讓人驚嘆：這是紅茶嗎？原來紅茶大地是如此寬闊！

　　自己品飲紅茶多年，最初是著迷於茶湯厚實的滋味及飽滿的收斂性，而後欣賞於她的大器及包容；直至接觸大吉嶺莊園紅茶後，不同莊園所衍生出的多樣風味與豐富層次，才是令人迷戀，也讓人謙虛！那一年一期一會的味蕾渴望，就像每年企盼著端午芒種節令的東方美人茶或正夏時分的紅玉紅茶！

　　品味莊園紅茶，如品味莊園紅酒或單品咖啡般，一定得實實在在地放空，無須刻意、更不用過多詞藻形容，就靜靜地純飲，感受不同季風、氣候、土壤及工藝下的風土滋味；然後，運用我們天生俱有的五感去記憶、感受，莊園紅茶風味自然就在心裡滋長！

推廣莊園紅茶多年，仍在不斷地學習、體驗、領悟；親赴大吉嶺莊園所看所習，我們這幾年也陸續傳遞一些臺灣產地茶農朋友們，透過標竿學習，努力地讓臺灣優質紅茶接軌國際莊園紅茶觀念，自己更衷心期盼著臺灣紅茶獨特的品種、季節及產地風味會在國際紅茶地圖上再次引領風潮。

　　紅茶路上，始終有一路相挺的家人及朋友，謝謝你（妳）們！

　　天拙至美，莊園紅茶！

邱震忠 Roy Chiu

透過手中的一杯茶，
讓世界更美好

　　記得第一次接觸到大吉嶺頂級莊園紅茶時，好香好甜的豐富層次，引發的除了驚喜，也令我迷惑。同樣的，當我們把這些茶品引進台灣推廣時，難以置信的滋味衝擊著消費者根深蒂固的「西洋紅茶」成見，開始質疑起茶葉原味的真實性。還好莊園茶從種植到製作，一直有完整的記錄及國際認證，這些證明文件，加上茶葉的優質純淨，逐漸解開飲茶人的心結，願意去了解大吉嶺莊園紅茶。

　　記得第一次赴印度大吉嶺找茶時，抱持的是花錢、花時間到了這裡，不能讓任何人事物或畏懼所阻礙，要盡可能創造最大的收穫，以達到此行的目的。支撐我的精神是，為自己喜愛的茶努力，一定是快樂的冒險旅程。

　　事實上在找茶期間，不論走到那裡、做什麼事，所有人都在考驗我的智慧反應，及測試我對茶葉的專業程度。相對的，我挑選茶葉也相當要求品質，得時時表達為何不採購的決策立場。幸好憑著自信真誠及樂觀的態度，與莊園主人分享茶的知識、到處當免費的評茶師，也四處陪著製茶，終於與茶葉集團和莊園維繫良好的互動關係，並交到很多好朋友。

　　莊園紅茶的風味，來自茶樹品種、土壤、地形、氣候、製茶工藝與莊園理念的總合。然而歷史民情所形成的喝茶喜好，也很實際的影響著莊園紅茶風味的改革演進。本書除了介紹紅茶的知識外，也是我個人的茶藝學習心得，更是我在印度大吉嶺莊園間的找茶經歷與旅行手記。想藉由這樣的分享過程，讓讀者認識莊園紅茶，及對莊園環境與經營管理有概念，以便解讀紅茶滋味裡記錄的每個細節，進而簡單的運用技巧，在選擇茶葉品

質、沖泡、品飲與保存上有所幫助。

　　推廣莊園紅茶的製作管理與市場銷售系統，是此書的宗旨。我們期待在國際標準制度及公信力的監督證明下，自然生態環境能維持平衡，並永久生存發展。茶園管理與茶葉製作，不但能建立莊園優異的品質與獨特性，更讓品牌長遠經營。而茶葉銷售和其他商品一樣提供規格資訊，讓買茶可以簡單輕鬆、喝茶可以健康自在。從真實感受頂級莊園紅茶獨特的人文鄉土風味，在生活中享受自然、愉悅放鬆。透過手中的一杯茶，讓世界更美好。

　　這本書的完成，要感謝印度每個茶葉公司集團及各個大吉嶺莊園，和當地朋友的熱心協助。感謝台灣木子李展演空間李采渝老師、櫳翠枋蔡奕哲老師、大觀人文茶道藝術中心陳玉婷老師、琦嘉家居黃曉琦及好友們等提供攝影資源和支持。

　　堅持理念的過程雖然辛苦，但獲得越來越多因茶結緣的好友們的認同與陪伴，更是一種收穫，特此感謝。

楊適璟 Victor Yang

CONTENTS 目錄

CHAPTER 4　解析莊園紅茶

CHAPTER 5　如何選擇莊園紅茶

CHAPTER 6　走進大吉嶺莊園

CHAPTER 7 沖泡出紅茶的個性

CHAPTER 8 品味莊園紅茶的滋味

CHAPTER 9 正確保存紅茶

外一章 臺灣紅茶

紅茶的歷史

從喝茶、品茗，到熱情的對茶深入研究，越是探索，越是有所領悟，這是愛茶吧。「從茶園直達茶杯」，這是一百多年前英國茶商的行銷廣告詞。愛茶之後，讓人不由自主漸漸的愛上與它相關的一切。因此我想作些修改，「從茶樹到茶杯」，這段完整的過程，是我最想探討了解的事。

當我喝到第一杯所謂的「大吉嶺莊園紅茶」時，風味著實驚艷。從這一杯茶裡，似乎已經能夠感覺出，這茶採自何種茶樹、生長在何種區域及氣候環境、吸收著什麼樣的土壤養分，以及製茶師的想法、製茶的方式等等。

自從英國人迷上紅茶，在印度大吉嶺地區種植茶樹成功，甚至建制系統性的莊園管理，這套系統一直延續至今。在西方世界裡，一向講求科學思維與系統管理，任何事都要留下有跡可尋的記錄，然後驗證分析。因此莊園紅茶有著非常完善的發展記錄，這和莊園葡萄酒的經營模式雷同。不同的是，莊園葡萄酒屬於完成品，釀酒師可以把莊園獨特風味完整裝進酒瓶裡。不論經過多長遠的旅行，打開酒瓶後，就能直接品飲到釀酒師最初釀造的理想風味。

喜瑪拉雅山──大吉嶺莊園紅茶茶園。

但是紅茶不同，一般在拿到莊園紅茶時，還是乾燥的茶葉，只能算是半成品。需要透過了解茶葉的來龍去脈，再經由適當的器皿與方式沖泡，才能精準呈現莊園紅茶的風味特色。

茶，是一種天地孕育的工藝產品，經過久遠的人文歷史不斷堆積、持續醞釀，無形中賦予茶無限的生命靈魂。茶可以只是簡單的飲品，也可以是生活另一面向的媒介導引。

想一窺「莊園紅茶」的演化，勢必要親臨喜瑪拉雅山區，深入印度大吉嶺。在前往目的地之前，一定得先安排在加爾各答停留，看看紅茶過去的背景，與未來的發展。

抵達印度加爾各答

當飛機降落在印度加爾各答時已是半夜，即使有安排飯店接機，但始

印度地圖

終不見人出現。在台灣沒換到印度盧比，只好用身上的美金，一陣殺價之後，終於雇了一台車離開機場。

穿梭在暗黑的城市裡，這時仍有很多人無所事事的在街頭緩緩遊蕩，或聚集或坐臥。即使夜幕低垂，也完全掩飾不了眼前建築物與環境所構成的髒亂景象。原本想像中的輝煌歷史和現代榮景，就在3秒內灰飛煙滅。

司機為了表現飯店和機場距離很遠，在街道中到處繞著。我實在太累了，便直接要求趕快到飯店，且不會扣車錢，這才總算抵達飯店。

然而，不論是印象或是街道狀況，其實無損歷史事實。加爾各答，曾是英國殖民時期的印度首都，也是英國經營歐亞市場、掌控亞洲權力的主

左上　加爾各答街景。
右上　古老的電車持續營運著。
下　　胡利河將加爾各答一分為二，再由鐵橋連結。

加爾各答的建築，充滿
濃濃英式殖民地風情。
圖為維多莉亞紀念館。

要中心據點。在茶的世界發展史上，具有相當重要的地位。

　　在航海經濟盛行、全球風靡喝茶時，中國搜購的茶葉，會停在這裡轉運，載往歐洲。英國與中國因此形成的貿易逆差，也是用這裡出口的鴉片補足。不但換出中國重要的珍寶及茶葉，還換到中國土地的使用權。

　　後來，英國人在得知茶樹的祕密之後，就由中國福建武夷山移植茶樹，送到這裡的皇家植物園內照顧培育，最後在大吉嶺各地種植。不久也請多位中國製茶師傅，全家移民印度，無後顧之憂地傳授製茶工藝。印度大吉嶺紅茶，自此聞名於世。

　　在印度大吉嶺開闢茶園，大量種植中國小葉種茶樹後，英國人對茶樹及茶飲開始有較具體的認知。此時，在離大吉嶺東邊不遠的阿薩姆山區，英國軍官發現到當地居民採摘樹葉沖泡的飲料來自另一種茶樹。它不像小葉種茶樹環境適應力脆弱，這種厚實的大葉種茶樹，生長力強，茶葉產值又高，可以在任何地方種植，於是阿薩姆紅茶茶樹，就在當地大量開發種植，走向全世界。

　　加爾各答憑著地勢較平發展容易、靠海交通便利，與常年氣候溫暖的優勢，大吉嶺和阿薩姆茶區的茶葉在莊園包裝後，立刻被運送到此地倉儲。而且與茶葉相關的協會、拍賣會、國際出口貿易公司集團等都集中於此，世界各地茶商也都到此匯集，進行茶葉的資訊交流與市場交易。至今，這個城市出口茶葉供應全球，已經有150年，並且仍持續著。

深入大吉嶺，探尋頂級莊園紅茶

從飯店房間裡的大落地窗看出去，是一棟棟擁擠的建築，及不斷鳴響的汽車喇叭聲。窗外是人口極為密集的印度第三大城，拿出帶來的紅茶沖一杯品飲，整理一下思緒。思索著這個看起來和茶文化氣質差距甚大且不搭調的城市，到底隱藏了什麼樣的紅茶歷史？

從綠茶開始

要簡單的述說茶的歷史，得從綠茶開始。

相傳在4700年前，「神農氏」發現茶開始，茶就一直被作為藥材使用。經由生活文化的演變才入為菜餚，之後慢慢成為飲品而大量種植生產。這其間人們一直喝的都是綠茶，直到明朝時因製茶工藝精進，才演化出烏龍茶、紅茶等。

兔毫黑盞是中國宋朝以來愛用的喝茶器皿。（李采渝提供）

茶葉在中國的發展由一開始的內陸流通，慢慢的擴展至鄰近的歐亞國家。會有這樣的變化是由於中國唐朝盛世吸引了許多不同民族遠來朝聖，到元朝時又不斷向外征戰擴張領地。日本就是在唐朝時接觸到茶，至宋朝時也開始種植茶樹、製作茶葉飲用。

以上這些歷史記載中的茶葉都是「綠茶」。

再談紅茶

現在世界各國紅茶文化多元，大大影響了人們的生活習慣，紅茶的歷史看似悠久，但其實紅茶文化的形成，不過最近兩個世紀的事。紅茶之所以能在這麼短的時間內像野火燎原般在全球輝煌發展，可說是天時、地利、人合的一連串巧合。

最初中國是以品飲綠茶和烏龍茶為主，採摘春天鮮嫩的茶葉製作出

紅茶之所以能在這麼短的
時間內像野火燎原般
在全球輝煌發展，可說是天時、
地利、人合的一連串巧合。

左　武夷山桐木關野生茶樹。（蔡奕哲提供）
右　紅茶始祖正山小種原產地──武夷山。（蔡奕哲提供）

最優良細緻的品質。紅茶剛好相反，是使用品質粗劣的茶葉，而且選在夏季製作，風味更具厚度，所以絕大多數中國人不喜愛，生產只是為了供應海外出口。所以，當時有人戲稱這專門製作給外國人喝的產物為「番仔茶」。

　　時間回到約400年前，明朝中末期時，中國沿海海盜猖獗，明朝政府為維護海岸線安全，停止民間進行海外貿易，執行封閉港口的鎖國策略。但歐洲人對中國物品的奢望卻無法停止。擅於做生意的福建漳州、泉州人，便開始私運商品到印尼銷售，其中包括以相當低廉的成本收購在夏天隨便製作、品質較差的家鄉茶葉。

　　葡萄牙人以優異先進的航海技術探險世界，把亞洲商品帶回歐洲大發貿易財後，漸漸引來其他具有武力優勢的歐洲人侵略亞洲海域。明朝對抗的海盜部分便是來自歐洲的葡萄牙船隊。而荷蘭人在取得遠東航海路線圖後，趕走在亞洲活動的葡萄牙人，接手歐亞貿易。除了成立東印度公司操作亞洲經濟，荷蘭海軍更在印尼設立據點穩固主權。（這裡的東印度是指遠東印度尼西亞）

　　福建商人把便宜、劣質、顏色深、味道粗重的茶葉送到印尼，再被荷蘭人運往歐洲。歐洲中南部的水質多為硬水，原本中國人偏愛細膩清雅的綠茶、烏龍茶經這種水質沖泡後，變得不香不甜，且平淡苦澀。但厚實風味的紅茶，在沖泡後仍能保有明顯的香氣與滋味，加了糖即可潤飾茶的收斂性，因此意外地受到上層權貴、官員們的青睞，要求再次採購。

於是荷蘭人回頭向福建人指定購買相同風味的茶葉，福建人回家鄉只得要求茶農再製作，在各方合力、產銷協商與運作後，由市場需求趨動原產地大量生產。這類茶葉因外觀顏色開始被稱為紅茶，最早刻意製作的紅茶，便是來自中國武夷山桐木關的正山小種紅茶。

就這樣，紅茶的歷史，在各種有意無意的組合下，正式在西方世界迅速展開。

話說從頭，紅茶的發現與起源，坊間流傳著兩種說法。較多人採信的一種，是茶農製茶期間不小心誤時，由做壞的茶葉補救出來的結果，造就了紅茶的風味。

另一種傳言是運往歐洲的綠茶和烏龍茶等經長久旅程，轉化成紅茶。雖然綠茶及烏龍茶在製作時會以高溫工序固定茶葉的味道，讓茶葉風味得以保存不變。所以買綠茶的人都不曾有過打開茶葉包裝後，綠茶變紅茶的經驗。但當時給外國人的茶都是成本低廉、品質差又隨便製成的茶葉，海上航行歐亞大多需要半年至一年的時間，茶葉在運送包裝上又不盡完善，好像也不能完全堅持排除工藝不完美可能造成的轉化現象。

紅茶的魅力無法擋

在距今約400年前，由於荷蘭人覬覦葡萄牙人經營歐亞貿易所獲得的經濟利益，便以海上的武力優勢搶走主控權，結束葡萄牙的盛世，正式把茶引入歐洲，隨之延伸至美洲。茶在當時是貴重物品，加上歐洲作家們陸續將茶與東方的神祕色彩作連結，飲茶活動便在彰顯身分與品味下，逐漸在貴族社交圈中廣為流行。

同時，茶葉的昂貴消費所引發的議題處處可聞，如在公開場所發表、或在報紙論述，但甚多誇大或渲染。有醫生推舉茶有優良藥性，也有反對者指控茶會傷身，或者女性因茶會社交頻繁而影響家庭生活，造成當時還是以男性為主的社會強烈反彈等，這些都證明了歐洲各國當時喝茶文化的盛行。

直到350年前，葡萄牙公主凱瑟琳因國家利益聯姻，嫁到英國時帶著裝滿茶葉的茶箱。成為英國皇后的凱瑟琳，喝茶的喜好在皇親貴族間引起

英國下午茶文化風靡全球兩世紀。右圖為英式下午茶點心塔。

討論，這神祕稀有的飲品，感染了整個英國宮廷，大家爭相仿傚。而英國在印度成立的東印度公司，更為投王室所好，而把中國的茶葉作為獻貢的珍品。飲茶，就這樣逐漸成為當時英國上流社會的地位象徵。

英國在茶葉使用量需求增加後，開始對於荷蘭人以高價壟斷茶葉市場越顯不滿，除了立法抗衡，並與荷蘭爭奪海權經濟。荷蘭歷經百年內與英國的多次戰爭，使國力大為耗損，引發內政動亂，光榮世紀漸退。而此時英國海上勢力擴張，穩固了「日不落國」的世界帝國版圖。

但英國在美洲的殖民地因高稅賦與治權發生問題，勢力不斷受到衝擊。最後因為「茶稅與茶葉市場壟斷」而引發了一場社會暴動，終於燃起美洲殖民地脫離歐洲政權的導火線，促使美國獨立。

喝茶的習慣在英國上流社交圈中持續200年後，英國伯爵夫人安娜，在當時一日只有早晚二餐之間，以吃點心喝紅茶消除飢餓感，也邀請客人參與。後來貴族間開始舉辦類似的下午茶會作為接待，漸漸形成一股風氣。

紅茶引進英國之後，經濟價值龐大，使國勢日益強大，更積極擴展茶葉事業。

商人們陸續在印度、錫蘭大量種植、生產茶葉，產量增加之後，便以各種行銷手法銷往國內的平民市場。政府也願意透過大幅降低茶葉課稅，

讓一般民眾也有能力消費。

貴族的生活與品味，本來就為百姓嚮往，如同貴族般享受喝茶時光，立刻成為流行。以喝茶方式來放鬆心情對社會具有安撫效果，得到英國政府的贊同，還立訂法律保障勞工喝下午茶的權益。茶葉的消費需求與供應發展，漸漸穩定擴張。

就在英國最強的世紀，人民生活富裕，加上貴族的帶動，喝茶戲劇化的成為英國人的固有習慣，茶葉變成生活必需品。因此，各種茶器具很快便順應泡茶、喝茶的需求而設計生產。尤其下午茶更是生活品味的象徵，在使用的器皿上，當然也越來越講究。

彰顯尊貴品味的紅茶器皿

喝茶聚會是歐洲貴族的主要社交活動，為掌控流行趨勢，在器皿的選用上，一定要能突顯出與身分相等的尊貴品味。茶葉來自中國，瓷器也是，所有來自東方的商品由亞洲運到歐洲須花費半年以上的時間，運輸成本高，價格自然不菲。喝茶要不失身分，搭配同樣來自中國的瓷器是必要的。

談到瓷器，在歐洲各國早就開始研究。英國雖然最早作出仿白瓷，但最後是由德國人首先完成真正的瓷器，並廣泛使用。為了呈現有如來自東方的珍品，瓷器上不論是器形或表面圖案還是多仿中國風。

能自行生產瓷器

茶具提供／居禮名店

慣用的紅茶茶匙及茶葉過濾器。

後，茶壺和茶杯的體積就跟著歐洲各地生活習性的需求放大。最後以德國原產地的傳統規格，約莫600ml的壺配上200ml的杯子等大小為準。原本引進的中國茶杯沒有耳把，有著「茶杯燙手茶燙口」的警示作用，但對於喝茶加糖加奶的英國人來說，沒有耳把的茶杯用茶匙攪拌起來並不方便。所以杯子附有耳把可握及有碟子可托，便是英國人決定性的改良。

　　過去珍貴如珠寶的茶葉，在存放上，茶盒都有上鎖設計，內裝也會分格放置相關應用的茶器具。

　　而當時紅茶多為碎形，使用茶匙量取茶葉十分方便，基本上一匙就是一人一杯的分量。把手另一頭針狀或叉狀設計，是要疏通阻塞壺嘴的茶葉，或撈出茶壺內浮著的茶梗。由此可見當時茶葉的品質。

　　茶葉過濾器大多放置在茶杯上，主要用途是在茶倒入茶杯時可以避免喝到茶葉。由於是桌上使用的實用器皿，因此在設計與裝飾上會多作一些變化，也會被用來彰顯貴氣。

　　此外，糖罐、奶盅、保溫茶壺套、茶盤、點心盤、茶車等，在歐洲貴族茶宴的領導下一應俱全，喝茶禮儀更受重視，在不到200年的時間便累積出精緻完整的紅茶文化。

紅茶的產區

想要對紅茶有概念，得先由世界上種茶、產茶的地區開始介紹。

由茶葉寬扁的形狀可知，茶樹適合在溫暖潮溼的環境中生長。緯度太高、海拔太高等太冷的區域，或是過度枯旱缺水的地方，都不適宜茶樹栽種生長。一般而言，最理想的範圍集中在北回歸線或南回歸線一帶。

最早發現的茶樹，是在中國雲南地區。輾轉經由種植培育，目前已分布在全世界五十多個國家。在亞洲的中國、台灣、日本、韓國、印度、斯里蘭卡、印尼、泰國、緬甸等，還有中亞地區，及歐洲的土耳其、俄羅斯一帶；非洲肯亞和鄰近國家，及南美洲、美國、紐西蘭等，也都可以看到茶園。

目前全球茶葉的年產量約420萬噸，大部分集中在中國、印度、肯亞、斯里蘭卡（依序排名）等國家。在茶品類別上，紅茶約佔70%，綠茶、白茶約佔26%，烏龍茶佔4%，由此可以了解紅茶在消費市場上的龐大供需量。

中國種茶、製作紅茶卻不喝紅茶，紅茶最主要還是以出口為主。而其

全球茶區分佈圖

餘三個國家都曾是英國的殖民屬地，茶樹由英國人引進，目的是為了生產紅茶。在紅茶市場的布局上，英國不斷擴大產量，同時在全世界推廣喝茶文化，以增加市場需求，可以說是一手建置了完整穩固的紅茶世界。

英國在世界各地種植茶樹

紅茶開始生產約是400年前的事，但紅茶市場的發展卻是在近200年間。英國，是最具影響力的角色。

英國自從掌控全球的海上經濟，茶葉市場的需求也不斷擴張。英國以鴉片和戰爭條約來確保中國的茶葉供應，但最終的目的是希望可以深入中國茶山，掌握茶樹種植及紅茶製作的技術。

有了茶樹和製茶工藝，英國人將這些技術成功移植到了大吉嶺且積極拓墾。接著又在印度阿薩姆地區發現生長力強、環境適應力好、產量高的大葉種茶樹，也開始擴大種植，並延伸至印度其他地區。另外，也建立起茶園管理模式、改良種植及製作技術、研發生產機具、強化運輸工具，甚至鼓勵移民措施等，致力於茶葉市場的產量供應。

就在印度茶葉種植發展不久，英國另一個殖民地斯里蘭卡的咖啡樹受到劇烈蟲害，於是英國人趁此輔導全面改種茶樹生產紅茶。這樣的成功案例，也複製到遠在非洲的殖民地肯亞，大量種起茶樹。

茶葉大量生產之後，價格變得相當親民，使得紅茶飲用漸漸普及。舉

左　印度阿薩姆茶樹嫩芽。
右　大吉嶺莊園內，目前仍然持續使用有百年歷史的乾燥機。

凡商業行銷、降稅等各種政策措施，只要是茶的一切都下足功夫。英國人最引以為傲的奶茶喝法、下午茶習慣等，也經由移民引入殖民市場，並間接影響至鄰近其他國家。

在穩定市場價格方面，也建立了公開拍賣會制度，首次的茶葉拍賣會便是在倫敦舉行。

整體而言，英國人建立了廣大的紅茶版圖，不論現在世界各地喝茶文化怎麼演變，還是處處可見英國的痕跡。英國曾殖民過的地區，到目前仍存在著英國留下的工廠建設、製茶機具設備與系統管理制度。而紅茶市場的銷售機制，在全球依舊沿襲。

印度人愛喝茶

受到英國殖民文化深植的影響，印度人喝紅茶，也少不了加糖加奶。只是在印度飲食文化中，香料的運用更為深遠廣泛，因此自然會在紅茶裡做變化。主要以加入薑黃最受喜愛。

我在台灣都是享受純飲紅茶。旅行到印度，一定得按照在地的喝茶方式，融入在地文化。記得手上的第一杯印度奶茶，茶葉品質不好，又是甜又是香料，真的令人難以吞嚥。第二杯和第三杯要求不加糖及少糖，味道

左　印度國飲，香濃的瑪沙拉奶茶。
右　印度人生活中不可缺少的甜味。

更是半調子的可怕。最後還是回到第一杯的風味，真的必須相信印度人的最佳選擇。每天喝個一、二杯這種又香又甜的紅茶，不自覺的也上癮了。

印度人一早要喝杯茶才會清醒，下午也要來杯茶放鬆。事實上，只要有空檔，心裡就有想喝杯茶的習慣。在北印度，有尼泊爾文化的融合，讓奶茶多了家鄉牛油的厚實鹹味。而瑪沙拉奶茶，則是印度文化的風味代表，加了豆蔻、胡椒、肉桂、丁香或薑等香料，滿滿變化的滋味。

> 印度人一早要喝杯茶才會清醒，
> 下午也要來杯茶放鬆。
> 事實上，只要有空檔，
> 心裡就有想喝杯茶的習慣。

在印度，人口數量和茶葉產量都僅次於中國，茶葉約佔全球年總產量的25%，達110萬噸。而12億人口所喝的茶，就喝掉國內自產的80%茶葉。為了保障人民有錢沒錢都能喝到茶，政府法令嚴格規範民間最常用的CTC（Crush、Tear、Curl，請見Chapter 3）茶葉出口，以穩定內需，也算是一種德政。

對印度人來說，快樂心情，喝上一杯茶，愜意品味；困苦煩憂，喝上一杯茶，怡然淡定。不論什麼身分、在什麼地方，都可以享受喝茶的知足滿足。這樣的感受，全世界都一樣。

世界三大紅茶

中國 以祁門紅茶的優雅甜韻，獨具蘭花香，作為代表。中國幅員廣大，茶區分布的地區、地形、地質迥異，各地方茶品各具特色。祁門在堅持優異工藝的理念之下，紅茶的展現十分講究。常見的風味，有人形容是龍眼乾的香甜。不僅如此，一旦品飲，總能感受到最後那股悠長古韻，非常具有中國風。整體而言，純飲最佳。只是數十年來的人為不振，讓祁門紅茶已虛有其名，等待振興。

印度 大吉嶺紅茶細緻清甜，有紅茶香檳之稱，以中國小葉種及大吉嶺培育的香甜系小葉種茶樹製作。春摘茶細膩花香花蜜味；夏摘茶甘醇果香果蜜味，具有高品質等級，適合不加任何調味的純飲；秋摘口感厚實，一般可和不同茶葉調配口味，或加入花果調味，因仍保有大吉嶺的細緻特色，風味多維持優雅。高等級的秋摘茶，一樣適合純飲。

大吉嶺紅茶，清甜優雅。

　　斯里蘭卡　以種植口感紮實的阿薩姆大葉種茶樹為主，著名的烏巴茶區位在中央山脈背雨的乾燥東岸，又經長時間日曬，所生產的錫蘭烏巴高地紅茶，以最濃烈厚實甘醇聞名於世。豐富的油脂，泛於光亮茶湯表面，因此有「黃金杯」的閃耀榮譽。這樣的質感，當然最適合調成奶茶飲用。不論以花草水果調味，或用其他茶葉調配，如早餐茶等，怎麼混搭都不失沉穩茶味，是最稱職的基底茶。

　　除上述世界三大紅茶之外，也有人加列了品質醇厚的印度阿薩姆紅茶，並稱為世界四大紅茶。

茶中香檳

　　在葡萄酒界中，具有柔美優雅質感的香檳，為世人所熟悉。原本濃郁的紅茶在品質上有相似表現時，也被冠以「香檳」一詞，這是一項尊榮。

　　而最具代表性的，便是印度大吉嶺的紅茶。大吉嶺位於喜瑪拉雅山南麓，有著山高氣寒的基礎。終年，北方襲來的是亞洲大陸的乾冷空氣。到了夏天，南方吹來印度洋溼熱的季風，在這裡因高山的阻擋形成特殊天候。在乾冷與溼熱交替的環境調節下，製成的紅茶即為全球皆知的「紅茶香檳」。

上　喜瑪拉雅山冷冽的季風，賦予大吉嶺紅茶得天獨厚
　　的香檳風味。
下　香檳烏龍——東方美人茶。

屬於熱帶的斯里蘭卡，長年高溫多雨，生產濃郁飽滿的錫蘭紅茶。全島最高海拔（1800公尺）的茶區努瓦拉埃利亞（Nuwara Eliya），種植著細膩風味的小葉種茶樹，也精製出「錫蘭香檳」的美名。

此外值得一提的是，在台灣烏龍茶的主流中，眾所皆知的白毫烏龍茶（又稱東方美人茶），由於重發酵的製茶工序讓茶湯較偏金黃，加上在細膩採摘與細緻工藝的配合下，可是台灣唯一的「香檳烏龍」。

同樣擁有香檳美名的三大茶款，在國度、鄉土、風味上截然不同，卻同享盛名。喝喝茶，細細品味其中的差異。味覺之外，各自引人入勝的背景故事，也相當值得記憶與回味。

拜訪茶葉集團

　　走在加爾各答市區，交通狀況令人印象深刻。馬路的寬度絕不是問題，能同時行駛多少台車比較重要，只要車子與車子之間還有1公分的距離就夠了。街道上汽車喇叭聲此起彼落沒停過，按喇叭沒惡意，只是要知會大家「我離你很近」。

　　髒亂的馬路和破舊的建築連成一氣。在未到訪這些茶葉集團之前，原以為國際級的公司會很氣派及現代化。但與事實相反，這些國際級的公司倒是很融入這個城市，總是隱身在擁擠的大樓裡。我本來就不喜歡中央空調的冷氣氛圍，走進如此平民化的隨和辦公室，人與人之間反而多了一點輕鬆。

　　印度大吉嶺一年約有9000噸的茶葉生產量，莊園製茶完成後，分別包裝茶樣和茶葉，接著裝箱裝袋集中到集團倉儲所在地，以方便銷售。

　　茶葉集團多設立於容易與世界接軌的都會中，工作包括開發全球

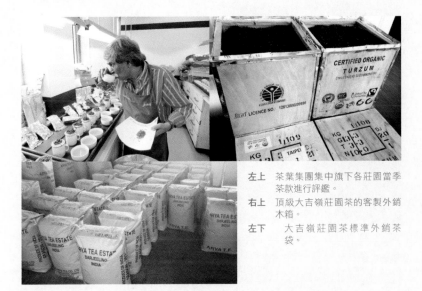

左上　茶葉集團集中旗下各莊園當季茶款進行評鑑。
右上　頂級大吉嶺莊園茶的客製外銷木箱。
左下　大吉嶺莊園茶標準外銷茶袋。

深入大吉嶺，探尋頂級莊園紅茶

市場、辦展、寄發茶樣、客戶經營、價格協商、定案簽約、文件報關，及出貨運送。同時還必須負責旗下茶園的管理與決策、產能銷售統計與分析等。

在過去，所有的茶葉只透過拍賣制度銷售。現在市場聯結的管道多了，有茶葉代理商、國內銷售商、國內出口商、國外銷售商、國外進口商等。集團辦公室也設有試茶室，不必走往偏遠山區，方便各類茶商選購旗下莊園的茶品，辦理交易。有的集團也自行精製包裝茶葉，直接進入零售市場。但多半量產的茶葉，還是維持傳統的送至拍賣會，快速大批售出。

進入各個國際茶葉集團辦公室，賣方期待的是買方選購茶葉並下訂單，看似輕鬆，壓力其實很大。尤其各國的每個單一買家都從百公斤至公噸為單位的下單，像我們這種小小數量的買家要在這商場上立足，可是要作足功課，必須具備專業的茶知識才有機會受到重視。

茶葉拍賣公司

加爾各答是個執行茶葉拍賣制度的城市，在莊園好友的引薦下，得以參訪成立150年以上、最大的茶葉拍賣公司。茶葉拍賣制度能讓賣方大量迅速銷售茶葉，也能讓買方有多種茶品選擇，甚至增加政府稅收等眾多好處，且又能讓市場公開公平化、資源資訊集中化，保障品質與交易安全。

簡單的說，茶葉拍賣公司在政府的管控下多由私人經營，是買方及賣方的中間促成單位。賣方依照政府規定的食品安全認證及包裝後，把茶葉送至指定的

拍賣公司內部評鑑此週拍賣茶葉的價格。

優良倉庫存放，並把茶葉的詳細資訊交付拍賣公司登記。

拍賣公司先行評鑑品質，並訂定參考價格，於每週製成拍賣目錄，連同茶葉樣品，一併寄送給有過交易記錄的實際買家。當然，拍賣公司為促成交易量，開發潛力買家也是重要任務。最後，買家再於指定時間參與公開拍賣會，拍賣公司裁定得標者及價格，及執行後續成交程序。拍賣公司在整場運作下由買賣雙方間共取得1%的佣金。

所有成交交易的完整過程，買家付款、賣方交貨等可能發生的各種問題，同樣受到拍賣公司的監督與協調，並依法執行仲裁。

不像CTC茶葉拍賣已全面電子化，拍賣作業都透過網路，在限定時間內下標，由電腦系統裁定完畢。但是大吉嶺莊園茶因為產量少、價格高、歷史久，被獨立出來單一統籌管理。所有作業程序仍維持傳統，拍賣會場有主拍賣官及副手輔佐，賣方必須出席會場得標才能完成。整場作業程序十分耗時，有時甚至需要一整天。

至於流標的茶葉品項，可以留下來繼續排入拍賣議程，或者由賣方取回自行銷售。在此之前，拍賣公司會先集合賣方與對這品項下過標的買家，在價格上再度進行協商，促使交易完成。

當然，所有參與拍賣的人員都必須是茶葉交易協會的會員，在加爾各答就是CTTA (Caltutta Tea Traders Association)。

要當上這裡的主拍賣官並不容易，不但對於市場動向的分析及茶品價格的

左　拍賣公司每週製作的拍賣目錄，連茶樣一併寄給買家參考。
右　拍賣會進行中，主官公證、副官協助。

評估都要確切掌握，還要每天評鑑數百種以上的茶品，並立即制定所有茶品當下的市場價值。這種行業沒有專職訓練機構，只能在前輩的帶領下學習各項相關技能與知識。

這套制度是沿襲莊園酒的系統，已有150年的歷史，許多細節的制訂都十分具體且完備，十分具有公信力。

大吉嶺莊園茶的外銷市場

在印度境內，茶是穩定人心的生活必需品，價格一定要大眾都能喝得起。印度民族在品味鑑賞及消費習慣等都已固定的情況下，飲茶方式和價格接受度的彈性都不大，現有的茶葉市場，多侷限於削價競爭。想要擴展茶葉的多元化經營，或改變民眾喝茶習慣與觀念，一直頗有難度。

因此，大吉嶺莊園的發展重點便傾向於茶葉的精製，以利出口外銷取得好價格。不論是以國際集團整合資源的市場操作，或是小茶園單打獨鬥的謀取生機，莊園品牌經營，要打開知名度，就要有能證明自然優勢及工藝出眾的代表性茶款。加上氣候變化、茶樹老化及莊園執行國際有機認證等，茶葉逐年減產。莊園大都意識到，唯有優化茶葉品質，滿足客戶各種需求，才能維持或提升每年的市場價格。否則只能辛苦求生，任由市場操控。

至於一般歐洲人偏愛的濃郁香氣與滋味，如英國人愛喝的花果茶、法國人愛喝的花草茶等薰香調味的茶品，茶葉品質便傾向選用大量生產、滋味濃郁的碎形紅茶。比較起世界其他產地的碎紅茶，大吉嶺碎形紅茶的滋味還是比較優雅。即使用在各種茶葉混合的「調配茶」裡，還是相當具有潤飾茶味的效果。

大吉嶺莊園近年來也積極滲透高端烏龍茶市場，命名上更直接取名為Darjeelong（大吉龍）。

左　印度民眾習慣到茶葉專賣店買三天至一週要喝的茶量。
右　茶葉公司集團積極參與國際展覽拓展市場。

　　近年來，為了因應國際經濟不景氣，及其他國家茶葉價格優勢而造成海外市場的持續萎縮，各個莊園也開始研發製作綠茶、白茶、烏龍茶，企圖攻佔各類茶款的飲用市場，在印度當地，統稱紅茶以外的茶類為「特色茶」。

　　基於長期與眾多國際茶商的合作關係，莊園白茶早已深獲歐美日上流社會的喜愛。在美國比佛利山莊的高檔茶館，就以爾利亞莊園的「白珍珠」白茶做為鎮店之寶；而瑪格麗特希望莊園的「愉悅」白茶，也受到德國及日本的寵愛。

　　大吉嶺莊園更紛紛推出烏龍茶，直接取名「大吉龍Darjeelong」，企圖要全面掌握國際行銷通路的優勢，滲透高端烏龍茶市場。

　　雖然大吉嶺莊園茶的細緻風味已全球知名，但目前還是以德國市場需求較多。因為德國已逐漸發展出另一種模式，在大宗採購茶葉後，轉供應給其他歐洲各國。而在亞洲，日本市場十餘年來，對大吉嶺莊園茶的接受度已穩定，也成為主要採購國家。身為茶葉產地的大吉嶺莊園，考量到這些市場的永續發展，紛紛不計代價的致力於取得國際各項公信認證，及參與各種環保及人權組織並遵守規範。

大吉嶺莊園茶的內需市場

　　長期觀察印度茶葉市場的人都清楚，這幾年來印度的飲茶品味有了一些變

化。莊園精緻茶款在國際上的響亮名氣，已受到印度國內高消費族群的注意，漸漸有意願接受不加香料的喝茶方法並支付高價選購茶葉。莊園於是製作印有莊園名稱的小盒包裝，開發印度的零售市場。

最常見的是，在大吉嶺山區往來的公路上，或莊園的門口處，會設置小亭子販賣茶葉給經過的遊客。而過去總是拒人於千里之外的莊園，現在已經開放部分茶園及製茶廠，為觀光客安排導覽行程兼茶葉銷售。

另一種現象是，原本向莊園採購進行茶葉貿易的當地茶商，現在也在城市中心經營起精緻茶葉商店，銷售茶葉和茶器用品，或是附設下午茶區以吸引更多觀光客及買家。這種效應也讓較大的茶葉集團開始仿傚，開起類似的茶品店。

以往只能在國外喝到的茶款，現在在印度也有機會買到了。只是，目前印度境內的莊園頂級茶零售市場，還在少量消費的起步階段。印度的茶商也持保留態度，不敢冒險投入太多成本來經營國內的頂級市場。

所以，最佳品質的莊園頂級茶款及限量款，不是由國外茶商優先整批選訂，就是由莊園保留以備出口外銷。畢竟，願意出高價的人就擁有較好的品質或擁有優先選擇權，這是市場不變的定律。

左　內銷茶葉專賣店風格不一，大吉嶺價格高，店面也會好些，茶葉自茶桶中取出秤重包裝。
右　除了外銷批售茶葉，集團也開發內銷市場的小包裝銷售。

CHAPTER
3
—

淺談紅茶

在加爾各答，要買一張火車票前往大吉嶺不是一件簡單的事。8～10小時車程，需對號入座，也沒有站票，常常一票難求。整個買票作業程序比買機票還要費時費工，有時規定還得親自到場才行。當地人建議最好提早一個月以上去排隊，不然肯定買不到。有趣的是，售票的地方並不是在火車站。

如果沒空位，他們也會賣出候補票，但一定得要劃位確認，並確定已有座位，否則不能上車。加爾各答有兩個火車站，一個是下午發車半夜抵達，一個是設有臥鋪車廂，晚上發車早上到。有次從大吉嶺要回來時，就沒有劃到座位，列車長不准我上車，於是我便賴著不下車，和列車長纏鬥了3小時，列車長在眾人的勸阻下，才讓我一路站回來。我是真的沒辦法啊！因為得趕飛機，誰知今天不上車，哪天才會有空位！這次算是幸運且非常辛苦的逃過一劫。

總之，在世界各地，火車站永遠是人最多的地方，何況是在人口密度如此高的印度。在印度，不須因為眼前的擁擠與紛亂而惶恐，因為周遭很多人都搞不清楚自己要搭的火車在哪裡、有沒有座位等。接受這裡的生活方式之後，我發現，就像自己的辦公桌或隨身包一樣，雖然都是亂，但亂中其實是有序的！

火車向北行500公里才到喜瑪拉雅山下，這段路程經過的是一望無際的平原，美不勝收。偶爾聚集幾戶簡陋的房舍，共用一灘黑色水池，池

左　加爾各答火車站。
右　火車窗外風景。

總之，在世界各地，
火車站永遠是人最多的地方，
何況是在人口密度
如此高的印度。

中有人也有動物，人在池邊洗東西或汲水，動物則在池裡悠游，這是印度鄉村生活的真實寫照。

「Black Tea」的由來

在中國，茶從發現到被飲用，具有相當悠久的歷史，世界各地也都從中國開始接觸到茶的神祕滋味。中國名茶多產於閩南地區，外國對茶的名稱一般分為由陸路輸出的廣東話Cha，和由海路出口的福建話Tay的發音。

在過去，廣東人組成的茶幫最會做生意，同樣的也控制著整個茶葉市場的買賣。所以與中國相鄰的內陸國家，大都經由陸路運茶進行交易，或像日本直接進到中國內地來找茶，但礙於語言，只能跟著賣茶的廣東人唸Cha。

但歐洲人大都以航海方式抵達遠東，遇到的都是來自福建的生意人，所以接收到的就是閩南話Tay了。自然而然，由海路傳回歐洲沿海國家再進入歐陸的稱呼，都是順著這種發音。英國人的Tea，也是由Tay輾轉演變而來的。

中國人品茗已久，泡茶品飲，習慣以沖泡出來的茶湯顏色作區分。當紅茶被製作出來時，茶湯顏色偏紅，所以稱為紅茶。歐洲人買茶，看到的都是要運回歐洲的茶乾，紅茶茶乾看來黑黑的，於是就在茶的前面加了黑色的形容詞，而成為「Black Tea」。

紅茶的製茶工藝

紅茶在歐洲流行起來以後，大家都在打聽紅茶的祕密。因為和之前喝到的茶風味差異甚大，以為紅茶是取自不同的植物製成。英國因此派遣專員、植物學家等深入中國茶區打探研究，才知道原來紅茶和所有茶一樣，都是採集於同樣的茶樹，只是工藝上的做法不同而已。

大致上，以茶葉發酵（其實是氧化作用）的程度作為區分。不發酵

的茶為綠茶，部分發酵的為烏龍茶，而全發酵的便是紅茶。其實，在製茶工藝上，每種茶，皆有不同的工法程序。

紅茶的製程其實不多，在傳統工藝上，茶葉摘採後，安置茶葉進行萎凋，再揉捻，然後靜放發酵，最後乾燥保存。

一般品質最好的綠茶及烏龍茶都是在茶葉鮮嫩的春季採製。在乾冷的冬季，烏龍茶滋味多了甘醇，品質一樣受到讚賞。炎熱的夏天，對這類不發酵及輕發酵的茶，會產生粗澀平淡的負面影響，但紅茶正好相反，要在高發酵後取得醇厚豐富的好滋味，就需要越多的日照，累積更紮實質量。因此，夏天被認為是紅茶品質最佳的時節。

在紅茶的製作工藝上，英國人研發出簡易又有效率的CTC（Crush、Tear、Curl）碎、撕、捲的製程。這樣的方式可以加快茶葉進行氧化，迅速達成紅茶的完整滋味，增加茶葉水溶性的含量，沖泡出更濃的紅茶。相對的，較易揮發的香氣與輕揚的風味，也會在製作的過程中跟著消失。由於茶葉變得小顆，著重口感的厚實，遇熱水就能快速釋放茶味，

夏日是產製紅茶的美好季節，此季產出的紅茶醇厚豐富。

做成小容量、方便好沖泡的茶包，真的是完全發揮這款工藝所成就的優質特性。

　　CTC製成的紅茶，多了紅茶的厚度，又不容易受到其他味道的干擾。既然少了香氣，就加其他的草、花、果的香味進來，所以適合用來作成各種薰香茶。同樣的，和各種食材一起沖煮，做成奶茶、花果茶等的調味茶，是最適合不過了。

紅茶的等級

　　在西方世界，凡事實事求是，皆要有科學驗證，即使是紅茶，也得想盡辦法製定一套衡量品質優劣的標準。但茶的香氣、口感因人而異，不易採集度量，最好的方法就是從最根本的茶葉著手，採摘越細緻的，品質就越好，產量越少也越珍貴。

　　所以採摘到第三葉，就標示P（Pekoe白毫）；到第二葉，就標示OP（Orange Pekoe橙白毫）；到第一葉，就標示FOP（Flowery Orange Pekoe花橙白毫）。有包含到芽芯就加標上TG （Golden Tip）。如TGFOP，就是一芯一葉。

　　採摘完後，再以人工篩選區分茶葉的優劣。茶葉去梗、去大葉、去品質不佳的之後，風味上自然越趨一致、純淨。最初開始選過的茶葉會標上第1等級，後來這個等級不夠用，就再細挑一次，於是就有F

左　茶葉分級標準的制訂，呈現大吉嶺莊園茶精緻採摘工藝的精髓。

右　大吉嶺最高等級SFTGFOP1，其茶乾通常展現出條索完整及白毫顯露的華麗型態。

（Finest）最細緻的等級。之後再補上一個S（Super）超級的等級。茶葉每經過一次篩選，重量就減少，成本就增加，相形就越顯珍貴。

茶葉分級——手工精製，FTGFOP1、Broken、Fanning、Dust等級。

所以最高等級的茶葉，就會標示成SFTGFOP1（Super Finest Golden Tippy Flowery Orange Pekoe），超級精製黃金芽花橙白毫第1等級。簡而言之，就是蒐集一芯一葉後，再從這一堆茶葉裡挑過、挑過、再挑過的精選過三次。

台灣一般採摘為一芯二葉，茶葉製作完後，如果再進行一次人工挑選去梗去雜葉，就是OP1的標示了。

全世界的紅茶，保留完整葉形銷售的，只佔總產量的極少比例。茶葉在製作的過程中，葉子常無法保持完整度，而茶葉做到越接近成品，越是乾燥越容易碎裂。所以茶葉製作完成之後，會再經過濾網自動篩選。

一般分為四層過篩，保留在最上層的，茶葉最完整。再下一層的就是B（Broken破葉的），然後是F（Fanning碎葉的）及D（Dust粉葉的）等級，各等級都會加以標示。

沖泡奶茶的最佳選擇是錫蘭的烏巴紅茶，且選用標示BOP1的採摘等級。這種等級標示指的是，採摘有細嫩又有厚度的一芯二葉和第一等級的質感，沖泡破碎茶葉，可以增加茶質釋放的濃度。

至於F（Fanning）及D（Dust）的等級，由於茶葉太碎、品質變差、味濃粗澀，便做成茶包，或花果調味茶，或茶質萃取用途等等。在大吉嶺，或被當成福利分配給莊園的員工。

紅茶可做的變化

本質性溫的紅茶，和其他植物的草、葉、花、果，或是飲品如牛

奶、豆漿、咖啡、酒，或是糖、鹽等各種調味品，不論是酸甜苦辣鹹，都能夠融洽搭配，不易有衝突。

所以如果要以紅茶為基底作各種變化或發揮創意，是再適合不過了。若想要有厚實風味，可以選擇大葉種茶樹如阿薩姆種，或斯里蘭卡的熱氣候所造就的錫蘭紅茶，也相當不錯。若要細膩清香，以小葉種茶樹如印度大吉嶺的紅茶來搭，也能恰如其分。

要做提神醒腦的早餐茶，錫蘭紅茶強烈，單喝太厚重，若是混入一些大吉嶺紅茶，口感會柔順許多且有輕輕的香甜。

其他像是寒性的薄荷、菊花（可以舒緩眼睛和肝臟的怕燥），熱性的薑、紫蘇、人參（可以去除胃與脾的畏寒），或是可以消除胃痛胃脹及化痰的佛手柑、養顏理氣的玫瑰、補血的當歸等，都可以和紅茶一起沖飲，有效的發揮功效。

不論要做出什麼變化，在挑選紅茶茶葉時，外觀上最好選擇大小一致的碎葉，如此調出的滋味才會比較均衡，又方便度量比例。

紅茶不是苦澀品質差的便宜西方茶

凡是製茶、喝茶的都知道，因為夏天日照長、氣溫高，茶葉長得很快，做出來的茶大多苦澀，品質不佳，賣不到好價錢。懂茶的東方人根本就不喝這種茶，只能賣給不懂品茶只愛喝紅茶的外國人。

紅茶在全球各地風行後，外國人開始經營茶生意。外國人接觸茶的時間很短，只會喝加糖、加奶、或加花、加水果的紅茶。

隨著洋化東進，大部分的紅茶被做成茶包進口，對於只喝純飲不加糖又要回沖的國人，都是以不斷回沖的泡茶習慣來喝紅茶茶包，不然就是喝著大量製造，且流通性較強的紅茶調味飲料。這類型的紅茶，品質較不好，所以很便宜。

在以上種種的因素下，紅茶在國人眼中變成只有苦澀味、品質差、不耐泡，又很便宜的沒有文化的西方茶。

其實，紅茶要有厚實的茶質就需要越多的日照，才能在製茶後，達到豐富醇厚的紅茶滋味。夏天，最適合做出好品質的紅茶。

西方以科學見長，在不斷的研究、分析、改良之後，歸納出關於茶葉適合生長的環境、種植的地質，及茶樹的培育，並以科技引導製茶工藝，將茶園管理系統化，讓紅茶的品質產生了大幅度的轉變。況且，全球茶葉消費市場中，紅茶佔70%，經濟吸引力的競爭強勁，紅茶早已不比當年，只有苦澀茶味的粗劣品質而已。

另外，碎茶葉做成的茶包，本來就是設計沖泡一次即丟的便利包，完全不符合多次沖泡的條件。且一直以來，日常生活中接觸到的紅茶茶包，大都是在超市大量販賣，茶葉品質本來就不是很好。當然不能代表全部的紅茶，也不能代表外國人的製茶與品茶的技術發展。

自然茶香與人工甘味

葉子是植物製造養分的原料工廠，來自茶樹的茶葉當然也是。這些製造出來的養分除了幫助植物生長，也會被利用來開花或結果，吸引各種生物以利繁殖。因此茶葉本身就存在形成花香果味的元素，只是沒有

沖泡過後的茶葉，不妨摸摸看、聞聞看。

花果這樣的鮮明濃郁。

為了讓茶品嚐起來更具香氣、滋味豐富，便要添加化學成分，這麼做的目的，就是強化風味，迎合市場。但要如何分辨是否添加了人工香料呢？

其實很簡單，茶香，是自然的，味道不衝突、不刺鼻、不強烈，是芬芳物質依輕重順序堆積的。跟著茶沖出來後便漸層揮發，到最後才會散光，或留下最重的一股香味。人工香味因為是濃縮香氣，很有重量，所以會同時聞到各種香味的混合。人工香味本質較不易揮發，即使茶泡好後放一陣子，香味依舊保持。但這種特性能完全滿足嗅覺，因此備受喜愛。

自然的茶味會漸層的在口中擴展，不會只有一種味道。在口中，茶因為受到口腔溫度和口水影響而產生變化。若是人工濃縮茶味如糖精、茶精，則會快速厚實的充滿口腔，直接衝擊味覺，甜得像糖果，或香濃的如牛奶味等。這類茶味一樣很有重量，但茶體沒有層次質感，沖泡一次就大多溶了出來，再回沖茶葉時，味道便會差很大。

如果喝的是完整葉片沖泡出的茶，可以摸摸看泡開的茶葉。泡過水爛爛的一壓就破、或表面滑滑黏黏、小拉一下就破，一點生命力與彈性都沒有，這些都是因為茶樹生長太快、茶葉體質不紮實所造成。因為茶樹只顧著多長茶葉，茶葉當然沒時間長得健康強壯，更別說要讓茶葉能儲備飽滿的物質。茶樹這種類似過度發展的原因，大部分是「人為」影響。

喝茶是享受，價格便宜的人工味也是一種個人選擇。其實茶裡加糖加奶精就是一種後製加工，會影響身體對有益茶質的吸收。因此無論如何，選購時最好還是以不傷害身體健康為原則。

大吉嶺莊園紅茶是不是紅茶

　　很多人在接觸到大吉嶺莊園紅茶時，發現茶湯顏色不夠紅，香氣飄揚，沒有紅茶應有的厚重風味，也不同於印象中的紅茶。心中不免懷疑，大吉嶺莊園紅茶是不是紅茶？

　　印度大吉嶺雖然延續中國引進的茶樹和紅茶的製茶工藝，但在地理和歷史的影響下，早多有適應及變革。春天到後，冬天來前，茶樹不斷生長，莊園也一直依循「紅茶製茶工藝」的程序做出「紅茶」。

　　喜瑪拉雅山春天冷、夏天涼，加上大陸高山的乾冽北風、印度洋的溼熱季風，和遠古世紀的海底土壤，在這樣的環境下，茶樹會吸收自然所給予的一切，而莊園也要修正製作方式，不斷嘗試研究並發揚光大，保留完整鄉土風味，作出完美紅茶。

　　這是大自然所賦予的生長條件，在這種環境下的大吉嶺紅茶，便以層次豐富、細緻優雅聞名全球，莊園當然也朝這個方向發展。尤其是代表莊園名聲的頂級莊園紅茶，春摘清甜珍貴、夏摘甘醇最佳，並將細膩工藝推向極致。

　　就是這些自然與人文因素，大吉嶺紅茶並沒有百分百發酵到符合「紅茶的定義」。有數十年製茶經驗的莊園首席製茶師們，對於質疑大吉嶺紅茶不是真正的紅茶感到不悅。因為這彷彿在質疑土地、歷史和所有人的努力。

　　大吉嶺紅茶雖然發酵程度不及紅茶定義中的全發酵，但製茶工藝卻一點也不馬虎。品嚐紅茶不需要在乎是否符合定義上的發酵程度，好好享受品茶所帶來的愉悅與風味，才是最終的追求。

大吉嶺春摘莊園茶細緻優雅，不同於傳統紅茶厚實澀甜。

喜瑪拉雅山的入口城市：西里故里

西里故里（Siliguri）是最靠近大吉嶺的北印度貿易大城，為中國、尼泊爾、錫金、不丹和孟加拉等對外的貨品、觀光甚至教育的轉運站。這些鄰近國家，包含印度本身，很多公司都設立在這裡，以方便處理在印度境內或是與國際市場的各項往來業務。

大吉嶺的茶葉，都經過這裡轉往加爾各答的國際公司，較小規模的茶葉公司，只要能力所及，也都會在這裡直接經營、接洽生意。

聯外的火車站位於遙遠的市郊，下午，火車從加爾各答出發，抵達時已是半夜。下車後看到滿是睡在地上的人羣，內心盡是不安與荒涼。等了一陣子之後，不意外的，又再度被放鴿子了。只能又「殺殺殺」的

上　最靠近大吉嶺的北印度貿易大城——西里故里，不管什麼時間，市中心永遠人潮擁擠。

左　路邊有數不清的人力車。

上　設有雅座的茶館，可以悠閒喝茶。
左　公司設立於西里故里的Gopaldhara莊園，在試茶
　　室直接品鑑剛製成運下山的當季莊園茶。

找個看得順眼的司機討價還價，才終於如願的到達飯店。

　　不管什麼時間（假日或工作日），市中心永遠人潮擁擠。不愛走路的習性，讓數不清的人力車取代計程車，到處穿梭在大街小巷。我總是納悶這個城市的生活方式，問過許多當地人，答案多到變成無解。無論如何，和加爾各答不同的是，在這個城市喝茶，至少可以坐進小小的空間裡休憩享受，而且價格也較低廉。

　　還好這個城市裡的每棟建築都不高，且有前庭後院的多餘空間，是典型的鄉鎮城市。但馬路的設計，窄得只有雙向會車的寬度，像是故意讓駕駛人只能安分的列隊在車陣中。一旦牛隻走進馬路，就是一連串的大塞車，這現象也是生活中的一部分，大家都習以為常。

　　設立在這裡的茶葉公司規模都較小，比起加爾各答的大公司更有親和感。公司旗下的莊園少，又近大吉嶺，較容易掌握莊園的各種細節，資訊獲得快速，容易直接管理。最方便的是，試茶之後，一些交情較好的茶葉公司，會細心的安排直接進入大吉嶺。

紅茶有益健康

在中醫的食物四性中,茶性的歸屬是:綠茶為寒、烏龍茶為涼、紅茶為溫、黑茶為熱。所以,屬性溫和的紅茶,對人體不會有太大的刺激。

茶,含有咖啡因。傳說從前和尚要雲遊落腳,身上總會帶著茶樹種籽,最後會在落腳的廟旁種茶樹。因為茶有提神醒腦的作用,有益讀文唸經。相對的,若希望睡得安穩,睡前最好不飲茶。

理論上,綠茶的咖啡因含量比紅茶少,但紅茶又比咖啡少數倍。不過這還是要看茶葉的品質來衡量。早上起床,想讓頭腦清醒,最好還是選擇紅茶,紅茶的溫性可以暖身暖胃,而綠茶寒、烏龍茶涼,對初醒未暖的身體過冷,空腹喝也過於刺激。

再者,身體是緩慢吸收紅茶的咖啡因,因此有助於身心放鬆,又能促進血液循環,紅茶還有抑制血液吸收脂肪,預防心血管疾病的功能。也有降血糖的效果。

紅茶的殺菌力強,可以保持口腔健康,降低蛀牙及濾過性病毒感冒的發生。紅茶還有利尿功能,所以也有去水腫的效果。加上喝紅茶可以暖胃顧胃,在吃壞東西腹瀉時喝點紅茶,也能舒解不適的狀況。其防癌及抗氧化的效果,也不亞於綠茶。

CHAPTER

4
—

解析莊園紅茶

到加爾各答是商務行程，得盡責的在大城市中忙碌奔波。拜訪多個茶葉集團和公司，總在接受熱情款待後，進入我最愛的試茶室。評鑑了數百款茶，心中已經了解大多數莊園當季的表現。

莊園茶的經營完全借鏡莊園酒的系統，要尋找理想的莊園茶，和莊園酒的邏輯相同。只要清楚莊園的茶樹種、自然環境、製茶工藝精神等，代表莊園的獨特風味，即使是氣候轉換、人事工藝變革，也不會因此全然喪失。

以爾利亞莊園的「紅寶石」夏摘紅茶為例，如果沒有莊園著名的核桃甜果韻，則「紅寶石」紅茶的滋味在華麗綻放後，便缺乏了獨特性；又或者若年年製成的滋味皆不盡相同，那莊園風格除了無從熟悉辨識外，「紅寶石」的名字也不具意義，更不能作為茶葉的品質保證了。

選購茶品時，通常只有一茶匙的品嚐時間及分量，要在這短短的時間內，分析茶葉品質的優劣，選出滿意的莊園茶，選茶人一定得很熟悉、很確定莊園風味，否則很容易任人擺佈。

和其他國際茶商團隊不同，我愛分享台灣人固有的品茗文化，並有條理的展現評鑑專業與堅持。大概對方都能真實感受我對茶的熱忱，因此我這號來自不知名島國的人物，名聲已經傳進大吉嶺莊園間。聽說大家都在拭目以待的等我到來，但我更期待各莊園的茶品表現。

簡單的說，挑選印度大吉嶺紅茶一定要有概念，這是決定品質與價格最主要的參考依據。市場上銷售的印度大吉嶺莊園茶，最基本的標示

左　茶集團位於加爾各答的試茶室，可先探探莊園茶當季的表現。
右　一匙茶湯，倏忽幾秒便決定當季莊園茶花落何處。

有三：一是有莊園名稱可查閱莊園基本資料、二是有茶葉等級可作品質區分、三是有年分及採摘的時間，可藉以了解當時的氣候狀況。有的標示會多一點，如茶葉品種，或是莊園想表現的主要特色等。

有了以上的基礎資訊，再透過多喝、多體驗，就能越清楚心中理想的莊園風味。在挑選莊園紅茶時，一定要認出莊園的特色、辨別出風味的組合層次。如果能再探究到這些風味層次的形成因素與莊園間的關係，就是更專業的表現了。更精準一點的，還可以正確的預測未來可能的茶質轉韻。在挑選莊園紅茶時，就能更理性果決。

氣候環境對紅茶的影響

一般而言，天氣越熱，陽光越強烈，茶樹生長會越迅速，所形成的風味會比較粗厚棩實。而氣溫越高，也會縮短製茶時程，以紅茶而言，發酵會較完整，口感自然偏重。所以越是靠近赤道的國家、越是低海拔的位置、夏秋炎熱日照長的地方，製成的茶葉顏色會較黑，沖泡出來的茶湯自然偏紅，香氣和滋味也較沉穩。

大吉嶺莊園茶茶湯顏色（由左至右），春摘、夏摘、綠茶、白茶、烏龍茶。

相反的，天氣越冷，陽光柔和，茶樹生長就慢，這樣的茶風味大多細緻飽滿。氣溫低，製茶的時間會拉長，發酵度也不會太高，口感上自然就會多一些優雅與柔順。所以緯度越高（越過北回歸線或南回歸線）、越是高山區域、春冬時節日照短的地方，製成的茶葉顏色會較淺（偏紅褐色），茶湯呈黃橘色，香氣和滋味也較輕柔些。

再者，如果多雨的地區，或茶區在雨水多的山面，茶樹吸收水分多，茶的質量就較單薄，會淡化層次與滋味的表現。因此，雨水不會過多的地區、或背雨山面的茶區，茶葉質量會較好。而茶葉採摘製作的氣候狀況，也會影響茶葉的品質，也得列為考量。

舉例來說，斯里蘭卡著名的「錫蘭烏巴紅茶」，就是位處低緯度，在

西南季風吹不到的背雨東岸，加上7月陽光強烈久照的高溫，再經過高海拔茶區的日熱夜冷柔化下，造就了特有的濃郁甘醇風味。

而位於高緯度的印度大吉嶺，頂級莊園茶款以質感細緻豐富聞名全球，茶葉大都採摘於海拔最高、向北乾冷、陽光溫和的茶區。以同個莊園、同個茶區產製的紅茶作比較，春摘茶的茶色偏綠、口感細膩，夏摘茶的茶色偏紅、口感有厚度，而雨季茶的品質較差。

茶園如果是礫石土壤，或位在山岩地區，茶樹會吸收到較多的礦物質，茶葉的香氣及口感也會比較厚實、內斂與沉穩。

茶樹品種對紅茶的影響

茶樹分喬木、半喬木、灌木等，葉子的形狀從大到小、厚到薄、粗到嫩，都影響著茶的質量與風味的變化。以整體區分，大致分為大葉種茶樹和小葉種茶樹。

簡單的說，葉子就像盛物的容器，空間越大，任何風味都裝得下、裝得多，風味的表現自然比較多元，質感也會粗厚圓滿些。葉子小，能盛入的風味就較細較少，且較有限制，質感就較細膩輕柔。

而葉子越大的茶樹，樹種也都較大較壯碩些，根鬚自然就長得深；樹齡越成熟的，根部分布的面積也就越密越廣。這些根鬚會幫助茶樹吸收更多土壤內不同的元素，包含土壤層中較深、較重的礦物質。這些元素使大

左　大葉種紅茶，其成葉往往超過15公分長。
右　大吉嶺茶園重視環境的永續生存，茶區必須定時休養生息。

葉種茶樹製作出來的茶葉風味較沉穩、飽實。

小葉種茶樹如「青心烏龍」，其質地細膩，大葉種茶樹如「阿薩姆」，則較厚實。而百年的普洱野生大葉種老茶樹是何種滋味，就不難想像了。

基於英國人對紅茶歷史發展的影響，目前世界各地普遍種植大葉種的「阿薩姆」品種。主要由於茶樹的環境適應力好、茶葉產量多；再者是市場的飲茶習慣多偏愛加入香甜調味，大葉種的紅茶濃郁滋味正適合。相較之下，生長力差一些的中國小葉種，仍維持多處種植或用以培育新品種，製作清香細緻的紅茶風味，滿足另一部分的市場需求。

就茶葉的品質來看，在要求高產量和低成本的市場需求下，茶樹過度採摘、沒時間休養生息、或以不自然的方式加速生長，所製作的茶葉質感不是單薄平淡，就是風味過重沒有層次。飲用這樣的茶不見得有益，還可能有損健康，間接的也破壞自然生態環境。

製茶工藝對紅茶的影響

談起製茶工藝，影響紅茶風味的程度可說相當廣泛。先從葉子說起，採摘越細的滋味就越細，一般以一芯二葉為主。製好的茶葉可以再利用篩選，以純淨茶葉的品質風味。例如SFTGFOP1就是集一芯一嫩葉，又經過三次精選，如此得到的品質就相當細緻且一致。

在製作工藝上，茶葉的發酵程度越高、或施以較高溫方式製茶、或加入焙火工序改變茶味、或茶葉久放變陳等，這些因素都會讓茶葉外觀及茶湯泡出來的顏色變深，風味偏重。

在茶葉的葉形上，刻意把茶葉切碎製作，像碎紅茶類的CTC技術，都會強化茶味的釋放，讓滋味顯濃。

大吉嶺莊園紅茶，絕不能忽略的是莊園精神。所有莊園都會利用所有資源、用盡各種工藝技術，目的就是製作做出具有獨特風味的茶品。有的是強調受小綠葉蟬等蟲害而產生的蜜香、有的要完美呈現麝香葡萄果韻、有的則要焦糖甜或龍眼甜，或者要表現花香果香、核果可可，或展現土壤的岩韻等，百味盡出。這些豐富多變的風味，也是品茶的樂趣之一。

茶葉所蘊藏的滋味

　　葉子是植物製造養分的工廠，也是盛放所有味道的容器，存放了茶樹、土質、環境氣候等自然鄉土風味。而採摘自茶樹製作完成的茶葉，還多了一種製茶工藝所成就的風味。對茶葉瞭解且經驗豐富的人，光看葉子的顏色、形狀、大小、厚薄等，大概就可以想像出茶葉的滋味。

　　以茶葉的顏色來區分，有綠、白、黃、橘、紅、褐、黑等的變化，味道更從青草、海苔、綠豆、小白花紅花花蜜、大白花紅花花蜜、高冷鮮果及果蜜、熱帶熟果及果蜜、堅果、焦糖、可可、木質等漸層漸重。想品嚐何種茶味，一般可先從顏色選起。

　　要悠揚細緻的質感，就選高緯度、高海拔、氣溫低、陽光少的茶區，採摘細膩，以小葉種茶樹精製出來的完整葉形茶葉。要花香鮮甜的滋味，就選擇製茶工藝上發酵程度低、顏色偏白綠的茶葉，如印度大吉嶺的春摘莊園茶；再要果香熟甜的滋味，就選擇製茶工藝上發酵度程高、顏色偏橘紅的茶葉，如印度大吉嶺的夏摘莊園茶。

　　相反的，要厚重紮實的質感，就選緯度低、海拔低、氣溫高、陽光多的茶區，以大葉種茶樹製作、發酵程度高、顏色偏褐黑的茶葉。葉形碎會增加茶的濃度，如斯里蘭卡的錫蘭紅茶。

　　多數人把工業施肥、或有農藥殘留、或添入人工香料的茶，當成日常飲品來喝。每天把化學成分往身體裡灌，慢慢囤積在體內，是件很可怕的事。無論喜愛什麼風味，最好還是選擇有機認證，或至少檢驗過無農藥殘留、不添加化學成分的茶葉。

印度大吉嶺的紅茶莊園善用小葉種茶樹精製出完整葉形的尊貴茶葉。

大吉嶺莊園茶的認證

　　目前印度大吉嶺共有87個莊園，茶葉的年總產量約9000噸。但市場上紅茶的年總銷量已達54000噸，表示買到真正大吉嶺紅茶的人，只有不到17%。為了讓消費者更容易辨認出真正的大吉嶺紅茶，和法國葡萄酒一樣，印度政府也依循世界貿易組織認可，為保護地方產品設計出一個大吉嶺茶葉專用的地理標章（Geographical Indication）。標章上是一個印度採茶女手中拿著一芯二葉的茶葉，以此圖案作為茶葉出產地的證明。

　　大吉嶺莊園的領土都是一座山一座山的，茶園的面積也都相當大。莊園內的道路、村落和公共設施都屬於莊園管轄，只要管理政策落實，環境便不易遭到人為破壞。在歐美及日本等主要出口市場的要求下，莊園大多配合有機認證機構所訂定的制度管理茶園。除了印度境內的有機認證機制，許多莊園也傾向取得更嚴格、更具公信力的國際認證。包括美國的USDA、日本的JAS，及歐盟的IMO Control。若鄰近的莊園也執行有機種植，當地群山範圍廣闊，就更不易受到人為污染。

　　不論是成為「世界自然基金會World Wildlife Fund」的會員，或者參與「雨林保育聯盟Rainforest Alliance」，為確保生態圈的完整自然運作，積極的莊園，都會為莊園內的土地、植物、昆蟲、動物和人等，給予妥善的生存保障，盡力執行有機的生態政策。除了莊園內的林地保護，有些莊園還緊鄰自然森林保育區，在茶園裡可見野鹿及其他野生動物隨處覓食。

　　儘管如此，仍有半數以上的莊園未申請，或已申請執行但未核發有機

左　　大吉嶺專用茶葉標章，印度官方已於全球一百多個國家註冊此商標。
中　　美國USDA有機驗證。
右　　日本JAS有機驗證。
右下　歐盟IMO Control。

除了ISO驗證外，大吉嶺各個莊園近年來更積極導入雨林認證，追求永續生存的良善環境。

證明，因此還是必須留意茶葉的莊園產地。

最後一個階段是茶葉的製造，這個過程也需要維持乾淨與安全。導入符合「國際標準化組International Organization for Standardization (ISO)」品質與食品安全衛生管理標準的作業流程，建置「危害分析關鍵管制點Hazard Analysis Critical Control Point (HACCP)」的檢核系統機制等，這些都是莊園願意投入心力與資源去經營，並達到要求標準，及努力爭取的國際證明。

茶樹的品種、混種與新種

大吉嶺地區的茶樹品種，最早引進中國福建武夷山的小葉種，現在仍持續生長，為主要的茶樹種。「中國小葉種China」，葉小而厚，質地細、香氣實，口感醇，苦盡甘來，油脂多而圓潤。在老莊園裡通常有超過百年以上樹齡。

而大吉嶺也以細膩輕香甜韻為訴求，培育出不少「Clonal」樹種。這些樹種通常葉小寬薄，自然是質地細緻柔和，香氣及甜韻皆飽滿輕揚。其中最受歡迎的，又以「P312（Phoobsering 312）」最甚，小葉形且薄，質感細膩，入口即是堆疊鮮爽滋味，到最後漸遠消失；「AV2（Ambari Vegetative 2）」，中葉形且薄，風味奔放豐富，直到鮮明的甘甜餘韻；「B157（Banoph 157）」，中葉形略寬圓而薄，輕柔香甜，多層次變化引出微苦。

與大吉嶺齊名世界的阿薩姆茶區，就在大吉嶺東方附近。大吉嶺的莊園也會種植「阿薩姆」大葉種茶樹，再進行改良。這些茶樹被縮小化，原本的厚重本性也細緻化，呈現出濃醇的特質。

茶樹在大吉嶺的發展，經由變種、或混種、或培育新樹種等，至今公

左上　中國小葉種，葉小而厚，茶樹茶齡高，往往聚攏茂密。
右上　P312，葉小且薄，具有細膩風情。
左下　AV2，長矛葉形，當今大吉嶺Clonal系列的天王茶種。
右下　B157，中葉形略寬圓而薄，輕柔香甜。

開品種釋出種植，可作為生產茶葉銷售用途的，已達三百多種。

　　這些茶樹種製作出來的茶葉，最後的風味，還是得取決於生長環境、茶樹管理，及製茶工藝等因素。但是對茶樹品種的認知與瞭解，是很重要的學習。茶樹品種畢竟是茶葉風味最原始的基礎，是評鑑茶時最好的依據，用以推測種植環境及製茶的影響層面，也可以增加自己辨識茶品是否混入其他味道的能力。另外在泡茶時，也能有一定的標準，讓茶作適當的表現。

大吉嶺傳統的製茶工藝

　　印度的紅茶製作工藝，最常使用的有傳統工藝及CTC製程兩種。大吉嶺莊園紅茶，當然是以細緻度高的傳統工藝進行製作。

　　在茶園管理上，會劃分茶區，標示茶區編號、高度、面積、茶樹種及品質等級等。莊園要製茶時，會先選定茶區進行茶葉採摘。莊園頂級紅茶

茶園管理，專人專區，清楚標示該區的相關資訊。

的品質要求較細膩豐富，大部分都選用朝北面、高海拔茶區的茶葉。

　　茶葉皆人工採摘，多為一芯二葉，長時間置於自然通風的開放室內，二階段低溫萎凋，再經由人工或機械多階段輕重揉捻、解塊後靜置發酵，最後低溫乾燥完成。製作完成的茶葉，還要經過精製的程序。產量多的會再進行茶葉分級篩選，最後裝袋或裝箱並區分標示等級。產量少的頂級莊園茶則經人工細部篩選後，才裝箱標示。

　　每一次製茶，製茶廠都會給予一個序號，這個序號每年都會歸零再重新開始。而製茶的所有過程，包括採摘茶區、樹種、時間、溫度、執行人等，一直到包裝結束的繁瑣工序都全程記錄。小莊園一年內製茶序號可到100號以上，大莊園甚至會到600號以上。

　　為避免產生品質上的質疑而造成買賣糾紛，便會在Invoice number上記錄這樣的製茶序號。如DJ-171 / 13，指的就是2013年，該製茶廠所製作第171次的茶葉，DJ則是大吉嶺Darjeeling的縮寫。所有試茶及交易，都以此編號為依據。對於製茶者而言，評鑑茶的風味品質時，也可以追蹤到每個茶區茶葉的品質、每個製茶過程的條件節點，進行分析討論。這對莊園的

左上　自然風低溫萎凋。

右上　機器多階段適當揉捻。

左下　解塊及靜置發酵。

右下　成品木箱清楚載明茶款名稱（Ruby 紅寶石）、裝載茶葉淨重（20公斤）、製茶序號（2013年第26號）。

永久經營、品質信譽的提升，及買賣雙方的保證，是很重要的參考數據。

　　為了維持頂級紅茶每年都有一致的品質與風味，莊園多有固定的團隊負責茶區照護、茶葉採摘、茶葉製作等，方便進行控管與評鑑。這組團隊每年都要接受定期的專業訓練，以穩定技術，累積經驗。

莊園茶的製作時間

　　大吉嶺每年11月到2月，因氣候太冷、茶樹也處於不發芽的冬眠狀態，所以這段時間不製茶。莊園都利用這時期進行茶樹、茶園、茶廠等的整理維護工作，及員工訓練和休假。

　　3月到10月則是緊鑼密鼓的茶葉採製期，莊園到處不得閒。每個莊園要在8個月的時限內生產數十噸到數百噸的茶葉，平均月產值高達數噸到數十噸，茶園到製茶廠間的忙碌狀況可想而知。

　　頂級莊園紅茶為顧及茶葉的優良品質，茶樹需給予適當的養護時間，

因此採摘有固定的時期，大致分為三摘：3至4月的春摘茶（1st Flush）、5至6月的夏摘茶（2nd Flush），及9至10月的秋摘茶（Autumnal Flush）。7、8月是大吉嶺的雨季，因此品質不佳，即使摘採製成紅茶，也不受市場青睞。

春摘時節，氣候乾冷，茶樹在冬季休眠後，開始緩慢冒出小芽葉，質量細緻飽滿。加上採用自然低溫製茶工藝，讓這時節的茶葉風味清香鮮甜。但是這時節的產量少，製茶次數也少，因此備顯珍貴。市場上有第1號採製茶最優的迷思，但其實最後決定茶葉品質的，還是落在茶區茶樹的生長狀況、氣候和製茶工藝等，必須天時地利人和相配合。

夏摘時節，氣候溫暖涼爽，印度洋濕熱季風北上，有雨多霧且多陽光，各種植物昆蟲等自然生態活絡。這時節的茶葉風味層次豐富、口感滑順甘醇，是公認品質最佳的產季。

能代表莊園聲威的頂級茶款，都在春、夏這兩摘中誕生。

莊園茶的品質等級

每個莊園每年會分批製作數百次茶葉，產量多達數十到數百噸。茶葉必須分時間、分品質、分等級標示，才能有所依據的在市場銷售。能分成多少品質等級，依各項標示資訊的組合，可以達到數百種以上品項。這和生產任何商品類別的工廠並無不同，一定得開發生產多樣商品以符合市

左　即便是莊園樣茶袋，也清楚嚴謹的標示莊園名稱、茶樹品種、採摘等級、採摘季節、製茶年分與批次、總產量，裝箱（袋）序號。

右　莊園紅茶茶標如葡萄酒酒標，載明產地、莊園名稱、採摘季節、茶款名等資訊。

場需求，並做好商品標示，在市場區分價格銷售。

茶商向莊園選購茶時，會得到莊園開出的銷售證明，標示著莊園名稱、茶樹品種、採摘等級、採摘季節、製茶年分與批次、總產量、裝箱（袋）序號。其中若有茶款名稱的，則會再標示上去。若間接向茶葉貿易商購買，一切就只能相信貿易商的信譽了。

市面上，大家選購印度大吉嶺紅茶，或其花果薰香調味茶時，看到的茶葉標示只註明「大吉嶺紅茶」。這有可能是市場上17%的真品大吉嶺紅茶，但沒有莊園名稱、製作時間、品質等級等，便無從得知茶葉的來源及品質、或是怎麼混合而成、是否為有機茶葉。沒有這些標示就不能確定是百分百出自大吉嶺，因為市場還有83%大吉嶺紅茶不是出自大吉嶺產地。

喝莊園紅茶的好處是，可以清楚自己喝的是什麼品質的茶款。一般莊園紅茶，至少會標示莊園名稱、茶樹品種、採摘等級與採摘季節等，作為商品品質的區隔，如Turzum Tea Estate、Clonal、FTGFOP1、2nd Flush。因大吉嶺莊園茶是年年出清，加上包裝印刷考量，年分會分開註明。在選購大吉嶺莊園紅茶時，一定要看看這些基本資訊，當然也要能夠解讀，這樣品質與價格才算有保障。

有些莊園會特別製作或突顯某種特色風味，在名稱上會冠上形容，如Sungma Tea Estate / China Musk / 2nd Flush，便是桑格瑪莊園／以中國小葉種茶樹／製作以強調麝香葡萄果韻（Muscatel）風味的夏摘茶。選這種茶樹做這種味道，意指口感會有紮實圓潤的甘甜苦和紅茶的收斂性。

要特別說明的是，有些莊園會製作Kakra（地方語為咬或捲曲的意思）茶款，就是專門採摘被小蟲咬過的茶葉來製作（台灣也用小綠葉蟬咬過的茶葉做成「東方美人茶」），大吉嶺莊園因為有機種植，茶樹一定有蟲害，這樣的茶葉經製作後，一樣會帶出蜜香蜜甜。

擁有這些特色名稱的茶款，為了強調其特色風味及優異品質，在精製篩選上的要求就會特別高。要細膩風味的就是一芯一葉，要厚實層次的就是一芯二葉。茶葉的採摘等級有時反而會被省略不再重複標示。

如何為紅茶命名

　　頂級莊園紅茶的產生，有一個很重要的行銷任務是，要打響莊園的名氣、提高整體身價，並向國際證明莊園優異的環境、茶葉的品質與製茶的工藝。因為是集合莊園最好的資源所完成，所以限量，因此會特別命名，方便稱呼與記憶。

　　而命名的方式，有的是先想好名稱，再去研究如何達成符合的風味，如Himalayan Mystics；有的是研發出滿意風味後，以特色和感受決定名稱，如Enigma Gold；有的則是引用市場已經相當受歡迎的頂級莊園紅茶名稱，如Moonlight，有種搭名氣品質保證的順風車，或刻意公開較量品質的意味。

　　從名稱來看，大多是在茶的風味上作詮釋，很容易從名稱便可揣摩出茶的風味，或莊園想要成就的風格。各莊園間，名稱雖然多變，但其實有

規則可尋，如有Gold 或Tips字樣，便是有芽多的單純甜韻；有Flowery字樣，便屬清爽花香；有Moon字樣，自然是有輕盈細膩的質感；有Musk字樣，則是突顯出紅茶的果蜜甜與收斂性。

　　總之，有的莊園花了5年以上的時間研究，才決定莊園茶的風味；有的則是直接跟進市場的偏好與高銷售價值。花多少心思、人力與時間，其實都蘊藏在茶的品質裡，也會反應在市場的肯定度上。

　　雖然每款頂級莊園紅茶在春摘、夏摘、秋摘都有製作，但因為每摘茶的風味差異頗大，市場上有名氣的，可能是春摘或是夏摘茶，大多只有特定的一摘。每摘茶因受氣候變化的時限而無法多次製作，產量從數十公斤到數百公斤不等。又因是供應全球市場一年飲用，其實是少量而珍貴的。以「普特邦（Puttabong）莊園」的「月漾（Moondrop）」茶款為例，春摘茶的風味最受到市場肯定。

大吉嶺最古老的Puttabong莊園，其中完美拼配茶的獨特風味。

左　系統化的品試莊園每一茶款，累積辦別拼配茶的完美心法。
右　Turzum莊園追求單一茶種的極緻風味。

拼配茶或單一茶

　　大吉嶺主要的茶樹種幾乎散布在各個莊園，要製作出「獨樹一格」的莊園代表茶品，是一項極大的挑戰。以單一樹種製作，雖然能保留自然原味的純淨流暢，相對的，茶品風格的變化與層次，也因單一樹種的本質而受到限制。於是，在莊園茶的製作，尤其是頂級茶款，就逐漸衍生出二種不同思維。

　　一種是結合莊園最好的資源，用不同茶樹種的特質，以比例組合，豐富變化，成為無人能及、辨識度高的獨特風味。這對製茶師而言，茶葉拼配，可是至高學問與技巧的大考驗。

　　要創造滋味豐富、獨一無二的完美拼配茶，需要熟知莊園每個茶區、茶樹、土壤、氣候所形成的茶葉品質滋味，然後才能把二種樹種以上的優質茶葉，按比例調配，在風味特色上有互映互補的對應。所組合的層層味階，必須能整齊疊放並保持鮮明乾淨，還要能不留空白間隔的自然流暢。這都須仰賴系統化管理，及拼配茶葉人員的素質。

　　另一種思維是，莊園選定最優質的茶區，照顧出最健康的茶樹，精緻化製茶工藝、提升技術，追求並徹底實踐茶葉生產過程所需的完整細節。就是利用每個細節的差異累積所成的唯一性，充分表現出單一茶區、單一樹種所蘊育出的純淨原味。

　　而要做出單一樹種的純淨原味，最困難的，是每個整體上的細節都要

要成就完美的大吉嶺莊園紅茶，必須用心嚴格要求每個細節。

層層檢視，靠的是全體團隊的努力與堅持。在茶區地理環境、土壤成分、茶樹養護、茶葉採摘，到最後的製茶工藝，每項都得運用最好的資源，群策群力的貢獻知識、經驗與技術來貫徹細節。

不論是選擇那一種作為，為了維持年年的風味特質一致，培訓固定團

隊是必然的。從茶園管理、茶樹照顧、茶葉採摘及製作等，每個環節得穩固把關，以縮小製作時的變數差異。

尤其是頂級莊園紅茶，整體上都會是好品質。在評鑑各種拼配茶時要注意的是什麼？或者在評鑑單一原味茶款時又會是什麼重點？能體會這兩者在品質與風味上所要求的，就能和製茶師所持的理念一致，作更客觀的衡量，找出優異的、獨特的細節，挑選出最適性、滿意的茶品。

獨特茶性

作畫雕塑，如果沒有主見，作品就缺乏神韻力道；烹調新鮮食材，如果沒有心思，佳餚美味就無法動人。一樣的道理，再優質的茶葉在製作時，如果只按照標準作業流程，做出來的茶葉，不過是個商品，少了個性。

大吉嶺莊園的製茶廠，除了冬天茶樹休眠，還有員工星期日休息不能做茶外，每天都得要維持運作，才能養活數百到數千的員工。而為了穩定茶葉品質，在製茶程序上，皆是系統化作業管理，有一套標準流程。員工在天天重複又制式的工作下，製成的茶葉風味大都穩定。

用心製茶，注意每個階段的每個細節，並認真看待變化差異、執行調整，做到位了，累積起來的影響力，即可展現優異的工藝技術與茶葉本質。眾人努力的最後成果，便成就了茶的性格，稱為「茶性」。頂級莊園紅茶，在嚴謹管控下，品質優異，但要有獨特的茶性，才算完整。

製茶是一門藝術

我常在大吉嶺莊園主人熱情的邀約下一同做茶，分享經驗。每個莊園都有各自的思維，不要小看這些說出來沒什麼的小技巧，這有可能都是風味品質迥異，或呈現獨特性的重要關鍵。

因為我是外來客，所以很多莊園都不吝與我分享他們的想法，再加上能四處參訪，及幫忙莊園評鑑不同時間、不同茶區、不同品種、不同方法

的各種風味茶款，老實說，每次上大吉嶺的收穫都非常多。或許無法如每個莊園那麼有深度的了解自己的茶品，但也很少有人可以像我一樣擁有如此廣度的經歷，品嚐到其他莊園的各類優質好茶。

以我個人的偏好來看，春摘茶的製作技巧，主要還是以引發

半夜2點，和莊園主人一起製作春摘茶。

茶葉的本質個性為主，並在製茶過程中盡量保留及減少這些自然風味的損失。夏摘茶則不然，它的製作時間長，風味變化的彈性非常大。要呈現什麼樣的茶品，製茶工藝和理念便顯得十分重要。

春摘茶的製茶工序簡單、時間短，風味大多清雅細膩，因此製茶時不能有太多時間琢磨與遲疑，且要注意到比夏摘茶更多的細節。相對的，夏摘茶的製作時間長，可以有足夠的時間思考、修改或補救，一些沒留意的細節，如發酵度範圍寬廣和風味偏重也能稍加掩飾。風味的層次、質感和持續性，及茶葉本質與莊園的理念，就是選擇夏摘茶的重要因素

若製茶是工藝，我寧可視為一門藝術。因為製作者的想法、作為，通常會呈現在茶的風味上。是死記知識或有專業底韻、是馬虎或用心、是猶豫或自信，所成就的茶品是有創作理念的藝術品，還是複製品，很容易就分辨得出來。對我來說，茶不是好喝就好，或只要品質最好即可。在喜瑪拉雅山優異的自然條件下，我在乎的是莊園的整體表現，這才是我理想中，能完整呈現的獨特莊園風味。

春天的大吉嶺還是好冷，半夜2點，我穿上保暖衛生衣褲、羊毛襪、薄外套、夾克，加上羽絨外套及圍巾，再從頭到腳包上實驗室級的防污染服裝，和莊園主人一起製作春摘茶。為了保持廠內的冷度，製茶廠還開著大風扇，因此不難想像，這莊園的春摘茶，風味真的夠鮮冷了。

採購大吉嶺莊園紅茶的重要準備

常年以來，茶商在選試大吉嶺莊園紅茶，少有表情、少有意見，一組人馬自行祕談完後，只針對價格交換意見協商。對莊園而言，這樣的模式遂成為一種共識，買茶只關注價格，其餘不談。

然而，賣茶的人必然期待把做好的茶葉，不論好壞，就在每一摘的茶季期限內銷售一空。所以通常會以經驗衡量茶商的專業和採購能力，準備好想賣的茶款，在供應者佔有地主優勢的狀況下，確定好價格，方便促成交易。

要選到優質好茶，最終還是取決於採購者的專業與自信。採購者必須要能預測何時是製茶最佳時機，了解莊園地理環境的氣候變化、土質差異、茶樹品種與製茶工藝，然後能評鑑出茶葉品質的好壞。對於特定的頂級限量茶款，更要清楚它基礎的本質茶性，和每年品質與產值的變動狀況，才能掌握到對的時機，找到對的茶，減少判斷上的失誤。

有了以上的背景知識，鑑賞茶品，就不會只有感覺好與不好的主觀模糊概念，而是會清楚瞭解那裡好？為什麼好？那裡差？為什麼

豐富的品嘗經驗及專業的知識，絕對是挑選莊園紅茶最重要的基本功。

差？專注在茶品的認知與討論，能引導出雙方的誠實互動。在得到彼此的認同之後，茶葉在品質與價格之間，自然會出現最好的表現。而日後在買賣雙方的關係上，也能了解彼此的專業供需，建立良好的互動與互信。

目前市場上充斥著良莠不齊的大吉嶺莊園紅茶，培養專業能力，不但能辨別茶葉品質的優劣與真偽，在學習的過程中，何嘗不也是一種極致的品味享受。

如何選擇莊園紅茶

什麼是好茶？很多人都在問。有人喜愛烏龍茶苦轉甜、澀轉甘的後韻滋味，有人喜愛花草茶的香味撲鼻。其實，只要茶葉乾淨，不影響健康，然後喝得開心，就是好茶。紅茶茶性屬溫，對身體不會過度刺激，幾乎任何人、任何時候都可以喝，並沒有太多忌諱。

價格高就代表茶葉品質好嗎？好像也不盡然，在市場的人為操作下，價格高已不是品質保證。茶葉品質和價格間的關係，完全取決於人與人之間的「信任」。

挑選莊園紅茶的好處，一是清楚茶葉的來源，只要注意是否為有機認證的莊園即可；二是茶葉採摘等級有明確標示，品質有基礎依據。知道莊園名稱，再以此了解莊園的名聲，更可以作為選茶的輔助參考。

由於莊園紅茶市場交易是公開的，品質和價格在市場有合理的依據，也有歷史記錄可參考，不會隨易遭受人為操控。有實際的依據，選擇莊園紅茶便可以安心，剩下的，就是個人主觀的口味與偏好。

莊園直送的大吉嶺紅茶

市面上大吉嶺紅茶琳瑯滿目，口味也眾說紛紜，能實際親赴莊園選茶的茶商少之又少，因此能喝到經典茶款的機會更是微乎其微。有的人透過網路採購，價格雖然友善但卻無法保證莊園風味。

台灣的茶葉市場，因為沒有具公信力的認證文件可供參考，所以在選購茶葉時，多半只能仰賴自己的判斷力與對茶商的信賴。但在選購大吉嶺莊園紅茶時，就有很多公開資訊可供驗證，不但茶葉有品質，也保障消費者。只要多點嚴謹的心思，除了可以對茶商的專業多一分瞭解，還能品味到莊園紅茶純淨的鄉土風味。

大吉嶺頂級莊園紅茶製作完成後，為保護茶葉的完整性及各自的獨特性，會立即裝入特製木箱。木箱上印有莊園名稱、產製年分、採製季節、採摘等級、批號及產量等。還有印度官方授與的大吉嶺茶產地證明標章，若有符合國際ISO或HACCP食品製程檢核認證，及IMO、JAS、USDA等有機認證，也會印在木箱上，這些都是茶葉品質確認的重要依據。現今，很多莊園採用安全性、密封性更佳的大紙袋多層式國際認證標準包裝，但茶

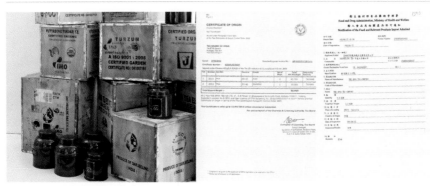

左　專業茶館內，通常都會擺設大吉嶺莊園直送的木箱，也說明莊園與茶館的合作關係。
中　印度官方提供來源地證明文件，是莊園直送的最佳保證。
右　海關的報關進口文件也是保證茶葉品質的認證。

葉資訊一樣不會少。

　　莊園直送且合法報關的大吉嶺頂級莊園紅茶，為避免商業糾紛，木箱一定是完整封存的送達茶商手裡。看見木箱，就說明了莊園與茶商的合作關係。少一層中間商的轉手，就少一分人為的疑慮，會越接近莊園木箱上所陳述的品質及市場的價值。茶商或茶館也會藉由展示木箱，讓茶葉的資訊公開、透明，讓交易更單純，這是專業嚴謹和重視信譽的表現。

　　除了茶葉木箱提供的資訊外，印度茶葉局規定，唯有向莊園或其隸屬的集團直接採購，才會提供官方正式的來源地證明文件。印度茶葉局以國家力量，每年不斷參訪國際性知名茶展或食品展，宣導來源地標章及證明文件，就是想讓消費者對正統莊園紅茶有更多認知，避免採買到山寨版大吉嶺紅茶，或以不同地區、時間、品質等製作的茶葉，混堆而成的大吉嶺紅茶。在大吉嶺紅茶的全球銷售通路上，有高達83%的比例是混堆或來源不明的茶葉。若是透過貿易商或網路零售商採買的，就已經超出莊園能保證的範圍，是無法取得官方相關文件。

　　一般莊園茶的木箱，至少都裝載了8公斤以上的原葉茶，須要經過正式海關進口報關，完成所有程序並檢驗合格，繳納關稅後才能放行。茶商或茶館能提供相關的海關報關進口文件，其實也是一種茶葉品質的認證。

　　最後，莊園提供的有機證書，一方面是茶葉食品安全的保證，也可以作為茶葉來源的確認。

茶葉木箱、印度官方來源地證明文件、海關進口檢驗報關文件、莊園的有機證書等，都能夠作為辨識莊園紅茶是否為「直達」的指標。所記載的茶葉資訊相當完整，是茶葉品質的保證，對莊園茶的研究和認知，亦是明確的重要參考依據。

　　大吉嶺各個莊園風格鮮明，在尋訪不同茶館或茶品牌時，不妨問問莊園資訊、看看莊園照片、了解莊園主人如何發展風味特質等，透過茶商親自拜訪莊園的經驗分享，更能感受莊園精神，真實傳遞莊園風味。

挑選大吉嶺莊園紅茶

　　在挑選大吉嶺莊園紅茶時，最好選擇「有機認證」，畢竟，喝茶還是要以身體健康為首要條件。購買有機生產的茶葉，或通過公證單位的食品安全檢驗，才能喝得安心。

　　那個「莊園」？什麼「季節」？何種「等級」？這是挑選莊園紅茶最重要的三個基礎問題。

　　「莊園」的名氣好，在茶葉品質上，一定能維持相當的水準及穩定度。名氣越好的莊園，價格自然高些，這是為什麼各個莊園都致力於提升自己的品牌形象與聲譽。如果喜歡特定莊園，不妨對其不同茶款風味作筆記，但無須太執著於同一個莊園。嘗試多個莊園的各種茶款，不但能增廣

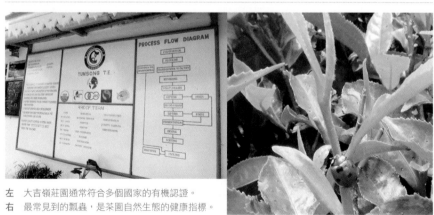

左　大吉嶺莊園通常符合多個國家的有機認證。
右　最常見到的瓢蟲，是茶園自然生態的健康指標。

視野、增加選擇性和變化性，對茶葉品質的衡量可以更客觀，反而更能熟悉莊園風味。

「季節」不同，產生的風味一定不同。一般而言，同個莊園相同名稱的茶款，以春摘茶產量最少，價格最高，品質細緻、滋味清香鮮甜；夏摘茶產量多些，價格居次，是紅茶饕客公認的最佳品質，滋味甘醇豐富；而秋摘茶量亦多，滋味厚實，價格較低。最後墊底的，是在雨季製作的雨摘茶。

接著再看茶葉的採摘「等級」標示，由於這會影響品質與風味的優劣，因此，便成為茶葉品質、風味和價值的基本參考依據。等級越高、越精製的茶葉，風味越細膩一致，產量也較少，價格相對高。這類型精製的頂級莊園紅茶，莊園通常會冠以名稱，供市場容易記憶和辨識。有著好記的名字、品質又穩定，名氣會一年比一年響亮，也意謂著價格會年年攀高。

大吉嶺莊園茶以茶葉的外形就能稍作區分。葉形完整、白毫多、顏色繽紛且淺色較多的，品質會較好，價格也較貴。因為這類型茶葉多為手工製作，產量不多，莊園大多選用品質優良的茶葉來表現。相反的，葉形越碎、顏色較深較單一的，品質會較差，價格較便宜。當然，還是得視出處的莊園，並不是手工製作的茶葉就有好品質。

另外，大吉嶺莊園紅茶以細緻優雅、層次豐富聞名，選當年生產、新鮮的最好，和製茶師心中理想的風味也會最接近。莊園沒有中國或台灣老茶的保存製作方式，所以目前的市場上沒有大吉嶺老紅茶。要論及保存技術，還是台灣在細節上執行得較完善、做得較好。台灣在茶葉包裝上縮小重量、抽真空與放置乾燥包，能將風味原封保存得較久。

品味莊園茶，就要喝出茶葉的獨特本質，就是環境、氣候、土壤的鄉土風味，茶樹的味道及莊園的工藝精神。這也是為什麼要多了解莊園茶各項條件的主要原因，也是最有趣的地方。在挑選莊園茶，知識經驗越豐富，越能選出最能表現各個莊園風味的茶性。

茶在口中，滋味要純淨，喝入身體裡，要舒適無負擔，這是決定茶品的最終關鍵。記住大吉嶺莊園茶的風味，融會貫通後，喝茶就不只有感官

的享受，還可以是更深層的心靈體驗。

什麼茶都要喝

莊園紅茶的品項與風味這麼多，到底要怎麼開始喝，許多人常感到困惑。其實別想得太複雜，喝了茶之後，自己的感官、身體便會給你意見。茶好不好喝很主觀，重要的是——什麼茶都要喝。

喝茶選擇不同風味，能讓自己的味覺不斷調整、保持彈性。執著個人的偏好，養成習慣後，會越喝越單一，越熟悉就越容易吹毛求疵，便開始鑽牛角尖。這都會讓自己的味覺空間變窄，包容性變差。利用接觸不同風味來改變味覺、提醒自己必須保持謙和，重新自我調整，才能欣賞到不同茶款的獨特茶性。欣賞差異，才能開擴視野和心胸。所以記得，不要只喝單一的茶，多準備幾款風味差異的茶輪流喝。

當自己的味覺與身體了解不同風味的茶品特質之後，不論在什麼場合、何種心境或身體狀態，就能正確選擇最適合、最對味的茶了。

如何選擇適合自己的莊園紅茶

與健康對味

談到選擇對味的莊園紅茶，茶葉的品質無人工化學成分，是第一要件。培養身體對天然純淨的熟悉度，回復感官味覺對自然物質的敏感度，都可以為自己的健康共同把關。

紅茶很適合血液循環不好、心血管狀況不佳、體質溼寒、氣虛或高血糖、高血脂、高膽固醇的人喝。一般女性、年紀稍長或肥胖者，不妨養成喝紅茶的習慣，而平常胃不好、抵抗力差容易感冒的人，最好也能選用紅茶。常喝紅茶有益健康，若能在紅茶的風味上多作點變化，也可為生活增添許多趣味。

請根據身體狀況選定風味。早晨起床後，身體還未回暖，喝杯香氣輕

大吉嶺春摘紅茶茶湯清雅呈鵝黃色，顛覆一般人對紅茶的印象。

揚、口感柔順的紅茶最舒服，如印度大吉嶺的夏摘莊園茶、斯里蘭卡的錫蘭高地紅茶或台灣紅茶，選擇茶葉等級細緻些的茶品更佳。或是經過忙碌的一天，到了下午以後，身體因疲勞而味覺跟著遲鈍，不妨選擇果香果味多點的紅茶，一樣能享受到層次鮮明豐富的好滋味，又有助提神醒腦。

若要緩和腹瀉、去除水腫、改善冷底體質或舒解身體疲勞、提振精神、平穩心情等，就選擇發酵程度較高，茶葉茶湯顏色深點（偏橘紅到紅褐色）的紅茶。

如果對咖啡因較敏感，怕影響睡眠品質的人，宜選擇採摘等級高、海拔高、製茶工藝精緻的紅茶，茶湯顏色偏金黃到淡橘色，如印度大吉嶺的夏摘莊園紅茶，便相當合適，在早上到下午這段時間喝最好。身體體質躁熱，也可以選擇這類型的紅茶，或發酵程度不高的茶款。

另外，茶必須熱的喝，且不加糖不加奶，更能利於身體的吸收。

與個性對味

紅茶種類相當多，不論是自己品嘗或是送禮，必須依喜好選擇。以下就簡單的以個性做區分，歸納出個性與風味相對應的紅茶（這只是大致的

歸納並非絕對，僅供參考）。

　　紅茶以口感來說有清香細緻及甘醇圓潤；以味道來說有花香花蜜味及果香果蜜味；最後則是紅茶收斂性（澀感）的強弱。

　　以年齡來說，女性不論年齡，較偏愛清香細緻的口感，大多數較不愛有強烈收斂性的紅茶。如果要在花香花蜜味和果香果蜜味二者間作選擇，多半也是選擇花香花蜜味。而年輕男性則較喜好清香細緻口感，年長男性喜歡甘醇圓潤口感，且大都可接受紅茶的收斂性。多數男性年長者，不喜愛花香花蜜味，果香果蜜味是他們最普遍的選擇。

　　以性格來說，內向的、敏感的、溫柔的、單純的，會較喜愛清香細緻的花香花蜜味，較無法接受紅茶的收斂性。反之，外向的、奔放的、練達的、有主見的，則較喜愛甘醇圓潤的果香果蜜味，也較可接受紅茶的收斂性。

　　在沒有特定對象的一般送禮時，不妨選擇質感清香細緻的果香果蜜風味，紅茶收斂性弱一點的，避開絕大多數人不喜歡的條件，會是不錯的選擇。

　　紅茶的風味也可大致用茶湯的顏色來分辨。印度大吉嶺的春摘莊園茶茶湯顏色為綠黃到鵝黃色，所呈現的是清香細緻的花香花蜜味；夏摘頂級莊園茶款茶湯顏色為金橘色，呈現的則是清香細緻的果香果蜜味；而夏摘莊園茶茶湯顏色為橘色，呈現的則是甘醇圓潤的果香果蜜味。斯里蘭卡的錫蘭高地紅茶和台灣紅茶，茶湯顏色多為橘紅或紅色，所呈現的多是甘醇圓潤的果香果蜜味。

　　至於紅茶的收斂性，形成的因素很多。印度大吉嶺莊園紅茶有特別強調麝香葡萄果韻的茶款，這等於說明了其茶品具有紅茶的收斂性。一般頂級莊園茶款即使具有收斂性，也能很快化開。茶葉葉形碎的，沖泡時容易釋放出較多的澀感，不想喝到這種感覺的，選購時可選擇葉形較完整的，以避免購買到收斂性較重的茶品。

與經濟對味

　　很多人在選茶的時候，價格也是決定性的因素。

　　喝茶還是得視個人喜好與茶葉品質風味來決定，不能只看價格。價格

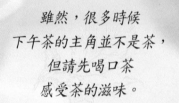

雖然，很多時候
下午茶的主角並不是茶，
但請先喝口茶
感受茶的滋味。

高的大吉嶺頂級莊園紅茶，風味細緻最適合純飲品味，但對習慣喝醇厚調味花果茶或奶茶的人，則會覺得平淡沒味道。相反的，價格便宜點的錫蘭紅茶較適合調味，如加糖加牛奶或加水果一起飲用，對於一直純飲的人而言，這種調合口味的喝法就會太沉重。

在全球紅茶市場的運作中，市場價格是有一些參考依據的。一般來說，氣候越冷、海拔越高、茶葉採摘等級越高、工藝越精製、產量越少，以及莊園名氣越高等，價格相對也越高。如大吉嶺紅茶，以季節為例，春摘產量少最珍貴，夏摘產量多但品質好的價格也居高不下，秋摘茶的價格則較低。錫蘭紅茶也分高地、中地與平地茶，價格一樣由高而下作區分。斯里蘭卡則位處熱帶區域，常年可採製茶葉，量產較多。因此，整體而言，錫蘭紅茶的價格會比印度大吉嶺茶便宜。

如果只喜歡大吉嶺春摘茶清香細緻的花香花蜜味，可依莊園名氣、茶葉等級、產量多寡等，在茶葉品質風味和價格間作比較，取得合適的平衡點。如果喜歡的是大吉嶺的麝香葡萄果韻，還可以在夏摘和秋摘之間，加以比較。若愛甘醇圓潤的質感，便可在大吉嶺紅茶和錫蘭高地紅茶中作選擇。

以喝茶的場合與時機來說，上午在辦公室，不妨選擇清香細緻的花香花蜜味紅茶，讓身心清新舒爽。到了有點疲憊的下午，不如以甘醇圓潤的果香果蜜味、有點收斂性的紅茶來提神放鬆。在家裡心情較怡然的時候，便可專心品味清香細緻的紅茶質感，有花香花蜜或果香果蜜味的皆適宜。如果是多人的聚會，則建議茶味鮮明甘醇圓潤的果香果蜜味，讓大家都能在躍動的心境中，即使搭配甜點，仍能品嚐到茶的風味。

在以上列舉的這些場合，即使選擇了風味，請至少準備兩款不同品質等級的茶葉，平衡運用，一方面可滿足口感，另方面也可節省茶葉的使用量。這兩款不同品質等級的茶，一種是平常隨手一杯，無須刻意用心品嘗，可大量飲用的茶款。另一種是要用心品茗的等級，可作為撫恤心靈、鼓勵學習成長與享受其深度風味的茶款。

與食物對味

飯後喝茶，為了不影響消化，最好先休息半小時以上。若餐後馬上要

天然手工水果軟糖，適合與果香果蜜如大吉嶺夏摘茶搭配。

喝，建議不要吃太飽，吃得太飽，大腦和身體感官較易有怠惰感，會降低喝茶的興致。這時選擇的莊園紅茶，茶湯的顏色最好從金橘色到紅色，較香濃甘甜的，如大吉嶺的夏摘莊園茶款。

一般人認為吃了味道重的食物後，要選擇風味濃的茶來喝，免得喝不出茶的品質。這觀念不太正確，若要避免口中食物殘留的味道，只要在喝茶前，多喝兩口溫開水清清口即可。餐後喝茶畢竟不是一口食物一口茶，二者的味道並不會在口中結合。

我個人比較喜歡以食物味道互補的方式來選擇茶的風味。吃完清淡的食物後，喝著甘醇圓潤、果香果蜜味的紅茶，可以平衡口中的重量，感覺較實在。相反的，吃完口味較重的食物，喝杯清香細緻、花香花蜜味的紅茶，可以減輕身體的負擔。但如果有刺激性又會在口中久留不去的，如較辣的食物味道，建議選擇茶湯顏色深的錫蘭高地紅茶，或台灣紅玉大葉種製作的紅茶，這類紅茶帶點獨特的收斂性，可幫助味蕾甦醒。

若是下午茶的喝法，茶和點心就要一起作搭配。食物帶鹹味的，可搭配清香細緻、花香花蜜味的紅茶，不僅可以提味還能減少衝突。食物是紅豆等甜豆堅果類或巧克力口味的，可搭配清香細緻、果香果蜜味的紅茶，茶味至少可以輕揚的在甜味前方先表現。奶油、水果、多糖分的甜點，可沖泡甘醇圓潤、果香果蜜味的紅茶，茶味較能明顯的留到點心甜味之後。

雖然，很多時候下午茶的主角並不是茶，但請先喝口茶感受茶的滋

味。相反的，如果茶是主角，茶點可選擇甜的，因為在品完很多紅茶後，甜品可以快速讓身體補充糖分，以免血糖過低而感到虛弱無力或頭昏。

熱沖或冷泡

　　一般茶都是熱水沖泡，因為熱水的溫度，能夠讓茶葉的內容物質充分釋放，滋味上有較完整的表現，香氣和口感的層次變化才會豐富。若是以品茶及養身為目的，還是用熱水沖泡最好。不加糖不加奶的純飲方式，才能夠不影響身體吸收，真正達到預期的效果。

　　以冷水長時間浸泡出來的茶，茶裡大多為易釋放的膠質及清香清甜物質，這就是很多人迷戀的優雅鮮爽茶味，此外這種茶也很適合天氣熱時飲用，或方便攜帶外出。只是溫度低的水能溶出來的茶質實在有限，一般約為熱泡茶的一半左右（冷泡茶的沖泡方式請參考chapter 7）。

　　以茶葉的特質而言，冷泡的茶葉要選擇發酵程度輕一點的，就是茶湯顏色淡柔些，如綠、黃、金，這種會有較多的清香甘甜味，像綠茶、白茶、台灣的東方美人茶，還有印度大吉嶺的春、夏摘紅茶都有很好的表現。茶葉選芽多一點的會甜一點，海拔高的、天氣冷的、少日照的、茶葉採摘嫩的都會有細膩茶湯，像大吉嶺的春摘茶就十分符合這樣的條件，可以泡出相當有質感的冷泡茶。

　　相反的，天氣熱、陽光多、發酵程度重些的紅茶，茶湯顏色偏橘、紅色，冷泡時在甜味上有不錯的表現。這表示，其實什麼茶都可以作為冷泡，依照自己愛的風味試試吧。

　　對愛茶的人來說，茶葉冷泡能釋放的質量少，不能表現茶的特色，感覺有點浪費。若真要冷泡，不如選擇大量生產的茶葉，比較不可惜。當然，這純粹是個人觀點。

春摘茶的風味

　　很多人一開始接觸大吉嶺春摘莊園茶時，總是質疑它是薰香茶，茶湯的綠黃色更讓人錯以為是綠茶，怎麼說都不願相信是紅茶。這也就是春摘

茶給人第一個驚艷的印象。

　　大吉嶺的冬天過了，茶樹開始發新芽葉，但氣候還是十分乾冷。即使太陽高掛的晴朗天空，空氣還是冷冽清新，遠處山景像披上一層紗簾般朦朧。茶樹經過一季的休養，小蟲們尚未活躍，茶葉緩慢的、保持鮮嫩的生長著，整個茶園的茶樹細緻飽滿，呈現一片透亮、淡黃、淡綠的景像。

　　3至4月間，是春摘茶的製作期。只是能製作的次數不多，每次產量亦不多，因此備顯珍貴。依循著紅茶的標準製作方式，以細膩和耐心的工藝技術來維持茶葉的鮮嫩，因此，在風味品質的呈現上，仍舊保有細緻清新的一致性。

　　聞聞茶香，有著高山森林的霜冷、鮮綠草原的清新、小白花的芬芳及花蜜的輕甜；嘗嘗茶湯，是綠色果皮的青、小白花蜜的甜、青蘋果的酸、水梨的潤。曾問過多位莊園製茶師，這茶是什麼樣的風味，大部分都以大吉嶺生產的小青芒果來形容，因為小青芒果是當地熟悉的味道。

左　大吉嶺春摘茶風味，眾多莊園往往以當地的青芒果或青香蕉比擬。圖中為當地盛產的香蕉及青芒果
　　（右邊香蕉下方）。
右　大吉嶺春摘茶風味，歐美茶饕紛紛以青葡萄口感形容。

　　莊園春摘紅茶的茶湯看起來輕盈，但滋味就像一層一層的絲綢交疊起來，層次豐富。香氣純淨自然，工藝傳統細緻，也充分展現各個莊園特色，希望大家能好好品味。

夏摘茶的風味

　　全球的茶饕們到了每年的5、6月，都滿心期待著大吉嶺夏摘茶的甘醇風味。由於大吉嶺的高山環境，即使到了夏天仍不會太熱，但足以讓茶葉發酵完整，茶質的醇度大大提升。莊園改善了製茶工藝，讓茶湯呈現柔順飽滿的多樣風味層次，就算日夜溫差大，一樣保留細緻滑潤的口感。大吉嶺在地理位置上有「皇后之丘」的美稱，所產紅茶有「香檳」的美名，因此不難想像其優質典雅的風貌。

　　莊園茶在國外已風行多年，在此介紹的都是原汁原味的原葉茶，而不是再調製的花草茶，或混搭的水果茶，更不是CTC（茶包用）工藝產製的茶葉。每個莊園都想努力成就自己在市場上的獨特地位，所以相當講究生產步驟與細節，莊園茶因此各有風味。有的艷麗花香、有的爽甜花蜜、有的霜透果甜、有的生津果酸、有的熟果蜜甜、有的堅果沉香，從以上的風味，還可以再區分出是大白花、黃花、紅花，或水梨、水蜜桃、柑橘，還是杏仁、核果、可可等。有時是層次分明的口感，有時是堆疊交錯的口

左　大吉嶺夏摘的中國小葉種，具有濃烈妍麗風味，口感似紫葡萄。
右　大吉嶺夏摘的Clonal，具有豐富圓潤風味，口感似紅葡萄。

感，令人驚喜。

　　除了風味層次變化豐富之外，大吉嶺夏摘茶也以甘醇品質聞名。品茗時，不妨以細緻度（茶湯）、輕重度（茶味）、層次度（鮮明）、飽實度（質量）、悠長度（品質）等幾個角度品嘗，集中所有感官，感受「茶」想要傳遞給你的所有訊息。

莊園紅茶選擇多元

　　茶在西方的歷史中，從貴族的尊榮享樂，到變成品味象徵；從商業的全民熱潮，到成為生活中放鬆身心的方法，這就是茶文化的演化。

　　茶在中國具有悠久的文化，小壺小杯裡已容納無量細節，喝茶是天、地、人、茶合一。從調養生息，延伸至人的禮束定心等等，衍生出一種修為的品茗文化。

　　民俗風情不同，選茶的喜好也不同。在大吉嶺，光是歐洲來的德國人、法國人、英國人等，選茶的標準就差很多。台灣人習慣純飲品茗，重視品質風味，及細微間的差異。而大吉嶺紅茶多元，能滿足所有市場所需。

　　莊園紅茶，不論是在享受西式下午茶時沖泡飲用，還是在中華茶藝上表現層層細膩，都能在壁壘分明的兩種文化中各自運作，甚至創意融合，獲得新的對味體驗和感受。

專家如何評選茶葉

茶葉在作專業評鑑時，有一套標準方式，就是採用專門的鑑定杯組，以3公克茶葉、150CC的100度熱水、浸泡5分鐘後倒出茶湯檢視。檢視的部分包含茶乾、茶湯、茶味及茶渣。其實，每款茶都有自己的獨特性，無法以齊頭式的方法製訂標準，品質如何，還是得靠自己的經驗。

賞茶形、聞茶香、品茶味、驗茶底，這四個重點，可以作為一般選茶衡量品質時的注意事項。

簡單來說，賞茶形就是看看茶乾的狀況，茶乾的大小是否平均一致、是否芽多品質細緻，或是否有結塊、焦死、粗枝或粗葉混雜等製作不良的狀況。取一葉茶乾輕壓，含水量過多或受潮，都是不好的。

聞茶香就是要聞香氣自不自然、雜不雜、有沒有異味或發黴。要聞的是茶乾、茶湯和泡開的茶葉的香氣和變化。

在品茶味之前，要先喝口白開水淨化口腔。此時，要檢視沖泡出來的茶湯，不可混濁或暗沉無光，基本上要清、透、明、亮。

而品茶最常用的方式，就是在茶湯入口同時，大量吸入空氣，藉

茶葉官的鑑定方式——賞茶形、聞茶香、品茶味、驗茶底。

深入大吉嶺，探尋頂級莊園紅茶

莊園紅茶的茶乾外形大小平均，芽多細緻泛光澤。

以擴散茶湯的結構，讓風味層次展開。並在口中打轉，增加茶湯和口腔內各部感官的接觸面積，讓感受持續。

一般在評鑑多款茶時，大多會吐掉口中評鑑的茶湯。但對於細膩風味的茶款，個人會選擇慢慢吞下，感受喉嚨這一段的韻味，還有身體對茶品的反應。

品茶的重點，最重要的是要懂得各種風味和質地的辨識、層次變化、飽滿度與持續性。

最後驗茶底很重要，因為茶葉一經泡開就會大現形。檢驗茶渣葉子大小的一致性，多細芽嫩葉較優；枝梗粗葉、雜葉、焦壞或泡不開的葉子越少品質越好；摸摸葉面，最好是不滑、不爛、不粗厚、沒有沙沙的顆粒，而且要有彈性，不可一壓就化、一拉就破。雖然泡過，還是得聞一下最後剩下的香氣和品質。

莊園紅茶的茶底，嫩芽平均細緻，葉面光澤自然紅潤。

CHAPTER

6

—

走進大吉嶺莊園

大吉嶺莊園分布圖

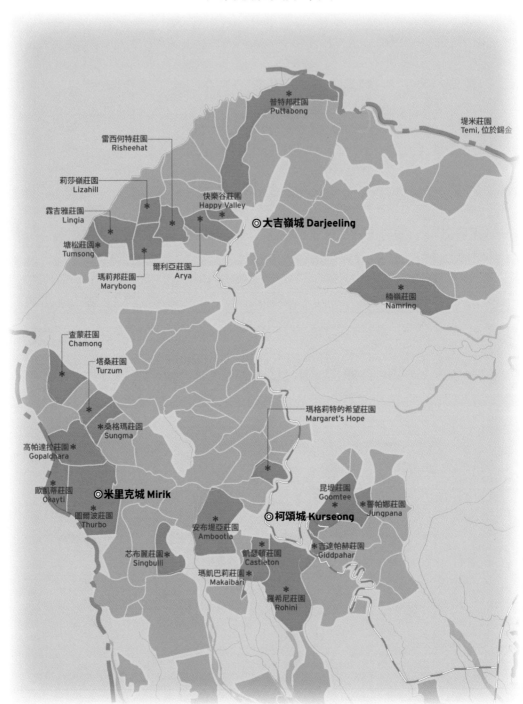

普特邦莊園
Puttabong

堤米莊園
Temi, 位於錫金

雷西何特莊園
Risheehat

莉莎嶺莊園
Lizahill

快樂谷莊園
Happy Valley

◎大吉嶺城 Darjeeling

霖吉雅莊園
Lingia

塘松莊園
Tumsong

瑪莉邦莊園
Marybong

爾利亞莊園
Arya

楠嶺莊園
Namring

查蒙莊園
Chamong

塔桑莊園
Turzum

瑪格莉特的希望莊園
Margaret's Hope

桑格瑪莊園
Sungma

高帕達拉莊園
Gopaldhara

昆堤莊園
Goomtee

蕾帕娜莊園
Jungpana

歐凱蒂莊園
Okayti

◎米里克城 Mirik

圖爾波莊園
Thurbo

◎柯頌城 Kurseong

安布堤亞莊園
Ambootia

吉達帕赫莊園
Giddpahar

芯布麗莊園
Singbulli

凱瑟頓莊園
Castleton

瑪凱巴莉莊園
Makaibari

羅希尼莊園
Rohini

離開了擁擠的都市，車子向著前方遠遠的山巒行駛，這就是世界馳名的喜瑪拉雅山脈，如此壯觀，令人震撼。沿途中慢慢開始出現樹林，仔細一看，原來樹蔭下都是整齊的矮茶樹，這區域已遍布茶園。山路狹窄、蜿蜒，直到車子必須倚靠著山壁，與對向來車進行無縫會車時，就是大吉嶺的範圍了。

深入大吉嶺

從莊園到莊園，從城市到小鎮，不停的在茶山之間移動，大部分都得要上到2000公尺的高山，翻過山頭稜線之後，再下山到900公尺以下的山谷，或跨過河流、再向山上開去，才能向前推進。

此時，大吉嶺的雲霧紮實的就像一團團吸滿水的白色海綿球，滾到那裡，雨就下到那裡，晴雨變化是一眨眼的事。車子開在陽光下，一旦遇上這樣的一團大白球擋住了山路，就會是衝進去雨霧、出來又見晴朗天空的變化氣候。

而山頂、山腰、山下的天氣變化也分成三層，看山嵐現在停在那一層，雨水就在那層，界限十分明顯。有時山嵐讓開車能見度只有幾公尺距

大吉嶺雲霧變化盡在一瞬間。

大吉嶺地形起伏，
氣候多變，
完全詮釋了莊園紅茶的
「風土」滋味。

離，行駛在蜿蜒窄小的山路上，再勇敢也不免心裡毛毛的。好險印度人開車超愛不停的按喇叭，在這樣的迷霧中，就變成安撫人心的優良習性。

大吉嶺位於喜瑪拉雅山南麓，在北緯26至27度上下，比台北高1、2度。大吉嶺面積約台灣的11分之1，種茶區域近18000公頃，比台灣多一點。平均海拔高度約為2000公尺，因為高冷，加上冬季寒冷無法產茶，茶葉年總產量只有約台灣的2分之1，約9000公噸。

近8600公尺世界第三高峰的干城章嘉峰，就在大吉嶺的北方，不停歇的帶領著後方陣陣大陸乾燥的冷風南下，讓茶樹有冬眠時間得以養息。在這裡，茶葉長得細嫩鮮綠，製茶工藝利用天然優勢發展，紅茶變得質地飽實、細膩優雅，香氣與口感層次豐富。

大吉嶺莊園的頂級限量茶款多選在越高且向北的茶區採摘，這並非故意挑選培育區域，而是接受大吉嶺莊園紅茶的自然製茶師——干城章嘉峰「自然」的賜予。

英國人發展大吉嶺紅茶

英國人從中國把茶樹引進殖民地印度，在大吉嶺開闢種植，並移入製茶工藝，目的只為經營當時全球最火紅的紅茶貿易。英國身為工業革命的發展國，以這樣的國際優勢，完整建置茶園，改良種植與工藝技術，大量生產行銷，僅僅在一百多年，為大吉嶺紅茶寫下輝煌榮耀。

當時歐洲和印度的交通是船，即使再快速，也要花4個月以上的時間。再上到荒山大吉嶺開墾種茶，搬運大型機具及大量煤材等，一切的一切，就像在研讀一段艱辛歷史。相較之下自己只是花了幾天坐飛機、火車和汽車上大吉嶺，這種累真的就不算什麼了。

在印度獨立後，英國人把茶園全部變賣離開。雖然如此，

大吉嶺上古老的英式教堂。

大吉嶺仍是個有「皇后之丘」盛名的觀光景點，英式建築及教堂還矗立在城鎮中心的主要街道上，世界遺產的喜瑪拉雅山小火車還沿山穿梭行駛著。除了這些帶不走的機器建築，英國人還把很多觀念、習慣、文化都留了下來。

走入大吉嶺的莊園，當年的茶樹依在，茶廠地點不變，製茶機具一個比一個大型，並持續維護運作。莊園主人的豪華住宅和裝潢，也已改朝換代。試著尋找過去好像有點多餘，少有人煙的莊園，除了人員更替，其餘的都沒變，一直都在歷史中繼續營運著。

大吉嶺的文化

大吉嶺周圍的國家有尼泊爾、錫金、不丹和孟加拉。在弱肉強食的歷史中，因為地緣的關係，一下屬於這國、一下歸那國。最後在英國殖民印度時取得管轄，開墾種茶和觀光避暑後

在大吉嶺生活的居民，眼神總是如此地詳靜。

才大規模發展，直到印度獨立時再順勢全面接管。造成這個區域民族、語言、宗教相當多元。

通常在交通不便的山區，會獨立發展地方語言。印度的官方語言是印度語與英語，但因教育不普及，英語沒有想像中的好用。當地人大多以尼泊爾語為溝通語言，孟加拉語和其他地方母語也仍舊被廣泛使用。在這裡以印度、中東、西藏地區民族的臉孔居多，只要不開口，台灣人很容易被誤認是當地的尼泊爾人。

喜瑪拉雅山區各地的食材相近，各民族的飲食發展也相近。印度菜在當地有刻意融合的趨勢，但仍有相當明顯的區隔。雖然大吉嶺到處可見英國殖民的歷史痕跡，但道地的英國菜卻沒留下任何影響。想在這裡吃頓好吃的西餐，最好打消念頭。

這區域有著很成熟的素食文化，常常可以遇見非受宗教信仰約束，但一輩子沒吃過肉的人，這是令人驚訝的事。

或許是在民族、宗教等多元文化下養成的和平包容，大吉嶺居民的生活態度顯得隨性且具韌性，也很能安身立命。在這偏遠山區，貧富差距大、環境雜亂無序、傳統階級制度也依然存在，但不管如何，都少了都會人的物慾追求，過得似乎更快樂些。

大吉嶺莊園的形成

印度獨立後，英國人也不想久留，紛紛出售經營的莊園。當時接手的人，很多是在製茶廠任職的員工、或是和莊園有生意往來的廠商、供應商等，或者是住附近城市的有錢人，也有遠從加爾各答來這裡進行投資的商人。經歷多次的轉手買賣之後，為了要經營市場，走向國際，於是逐步成立公司、或由集團搜購管理。

> 高山上環境是封閉的，
> 莊園內大多還是原來
> 就在這裡生活、工作幾代的人，
> 有些甚至從未離開過。

大吉嶺目前有合法註冊的莊園共87個，莊園的管理者可能是世代承襲的擁有者，也可能是由公司或集團指派的經理。這些經理必須具備豐富的製茶經驗，多由原本就在茶園工作的人提拔上來。莊園的管理者或經理，同時也身兼製茶師和評茶師的身分。

現在，雖然印度已有專業課程在培訓人才，但薪資不如城市優渥，加上生活隔離，有能力的人除非是有興趣與理想，否則都想走出大吉嶺。因此，如何吸引優秀人才與提升員工素質，一直是莊園經營者有待解決的重要課題。

高山上環境是封閉的，莊園內大多還是原來就在這裡生活、工作幾代的人，有些甚至從未離開過。不論經營或行銷如何改變模式，莊園仍維持著原有的管理系統。只是，過去英國人的位置，已由印度人取代。莊園管理者或經理，地位一樣崇高。

莊園擁有土地，依莊園大小，員工人數約數百至數千人。莊園必須給予生活保障，所以莊園工作大都世代承襲。資質好、有上進心的員工，會選入製茶廠輪調受訓、培養，提供較高的薪資和晉升機會。

在大吉嶺中，周邊觀光城市越大，附近的莊園給的薪資就越高。一來

是生活物價較高，二來是在城市裡的工作待遇比莊園好，員工容易出走向外謀生。事實上，外界繁華的生活已讓大多數年輕人不願再待在莊園，近年來各個莊園面臨人力短缺的問題越趨嚴重，似乎不再是加薪就能解決的了。

莊園的工作與生活

大吉嶺放眼望去都是茶山，另一種意義則是「私人土地」，全歸莊園所有。茶山裡看到的各個村落房屋、聯外道路、水電管線、村落間的學校、醫院等，都是莊園提供給員工的生活基本設施。

莊園提供的不只如此，還有福利照護。從小孩出生、教育、結婚等生老病死，莊園也得負擔責任。如果配偶是外來人，莊園也保障僱用。成立新家庭，莊園再撥出土地蓋新房子。

因為有這樣全面性的安頓，莊園能支付的薪水便很低。加上生活領域又小又偏遠，教育需求不高，也較不重視。所以，很少人有能力走出莊園。一家人定居後可能會是好幾輩子的事。

一村落，一茶園。世世代代呵護著尊貴的莊園紅茶。

醫院（左）和學校（右）都是大吉嶺莊園提供的基本生活設施。

　　如果能在製茶廠工作，薪水會比在茶園工作高2至3倍。生活會寬裕些，有能力買交通工具代步，也能送小孩到附近的城市接受教育，讓下一代有更多機會選擇未來。只是女性社會地位低的傳統觀念，在這裡更是明顯。尤其在教育不普及的偏僻茶山內，教育機會更不受重視。在這雙重條件下，女性幾乎不可能任職於地位較高的製茶廠。

　　另一種特殊現象是，種茶和做茶的人，幾乎一輩子都喝不到自己努力製作出來的茶。還好在一般茶款製作分類分級後，最後會留下茶粉末，有的莊園會輪流配給員工做為福利。反觀，我們能輕易的喝到莊園茶，真的要多加珍惜。

　　在莊園的生活是這樣，男人顧茶園、在製茶廠內工作、蓋房修路架電線、建水塔鋪水管等，女人顧家、採茶，小孩就是讀書。不論上學或上班，每天來回走好幾小時的山路是稀鬆平常的事。大大小小的日常用品也多靠人力背負或鄰居相互幫忙。

　　週日休息時，或許帶著全家人一起走出茶山，到最近的小鎮逛街採買一週生活所需。但是，大吉嶺每個莊園的面積都超大，有的大到好幾座山。要翻山越嶺出來，方不方便就看自己村落的所在位置了。

　　莊園內，儘管在外人看來物資相當缺乏，但生活還算是有保障。或許是文化影響，或許是不複雜的生活方式，因此很難從他們的眼中看到不滿、口中說出抱怨。有的是不會衡量人的純樸眼神，和不易受外界干擾的開心笑容。

大吉嶺城與鄰近莊園

大吉嶺城 Darjeeling

沿著山路開車，房子越來越密集，不久，車子就塞進車陣裡動彈不得了。最著名的大吉嶺喜瑪拉雅高山小火車很巧的就從車子旁邊開過，慢慢的擠進火車站。看到牌子上寫著大吉嶺，心中有些興奮。這就是大吉嶺，從沒想過這輩子會有機會來到這麼偏遠的地方。

雲霧早、晚會籠罩大吉嶺城，在白天則時而堆積成雨，時而散去又晴，讓大吉嶺居民對於善變的人或事，都用天氣作比喻。大吉嶺最古老的莊園都在這個城市的外圍地區，每每在拜訪附近莊園時，都可以遠遠看到這座城市或者消失在羣山之中。

Darjee意為閃電，ling為地方，所以當地人稱此為「雷電之地」，但是英國人讓這個城市變成觀光勝地。在這2000公尺的山頭上，擠進13萬人以上。飯店、餐廳和商店林立，大家靠著觀光服務過生活。這裡的夏天很少

左上　大吉嶺火車站。

右上　喜瑪拉雅高山小火車十分緩慢的在山中行駛。

左　　充滿英式風情的大吉嶺山城。

深入大吉嶺，探尋頂級莊園紅茶

大吉嶺廣場市集的茶葉專賣店。

超過攝氏25度，冬天也很少下雪，但還是很冷，加上又有兩個月的雨季，一年之中能發觀光財的時候還是有限。

街上聚集很多茶葉專賣店，賣著各式各樣的紅茶及茶器具，最有名氣的大吉嶺紅茶也包含其中。也有少數餐廳針對觀光客，供應英式下午茶。而圍繞在大吉嶺周邊的部分莊園，會開放茶園和隔離部分茶廠，提供遊客參觀並選購茶品。還有租車公司與莊園合作，安排茶園觀光行程。

大吉嶺城是這附近區域最繁榮的城市，要讓小孩受好教育，這裡有大學機構；要改善全家生活，這裡的工作所得較高，但物價相對也高很多。

拆除老舊建築是以人力一磚一瓦的敲，蓋房子的鋼筋水泥也是靠人一肩一肩的扛。日常用品、瓦斯鐵桶等重物，男、女都一樣要背著走。在吃力的陡峭山城中穿梭，在擁擠的觀光客群和塞滿汽車的街道中閃避。就算這裡的人真的都安於天命的樂在生活，但與我們所居住的環境相比，這情景還是很讓人吃驚。

普特邦莊園 (Puttabong Tea Estate)

Putta意為葉子，bong為房子。擁有1500名員工的普特邦莊園成立於1852年，是印度最古老也是最大的莊園之一。這天莊園主人親自來電確認時間並邀請午餐，在通往製茶廠的路面是未曾見過的完善平坦，莊園村落內也有不少私用車，可以確定這是個內部管理嚴謹、市場經營良好、重視員工福利的莊園。更令人驚奇是，莊園還建置空中覽車，拉攏觀光客從大

吉嶺城來參觀，果然是實力雄厚。

　　普特邦莊園位於大吉嶺城西方向北延伸20公里到達錫金邊界，茶園最高海拔為2200公尺，茶葉年產量達250公噸。75%茶園朝北，面對喜瑪拉雅山的乾冷，灌溉系統十分完整。這區的土壤屬於遠古海底土壤，製作出來的紅茶帶點酸甜，且有純淨的大吉嶺青麝香葡萄果韻，這是莊園的特色風味。

　　莊園主人接受過世界各國的採訪，是個經驗豐富又熱情的人。他在這裡生活了33年，是大吉嶺最資深的製茶師，對這裡的環境、土壤、茶樹等的品質風味相當熟悉。也許是資歷夠深，風味變化有限的單一樹種已經不能滿足他，於是便選莊園內不同樹種、品質最優的茶區，採摘製作後，進行風味調配，做出別人無法完成、辨識度高，且豐富獨特的香甜甘。

　　除此之外，為了維持茶葉有固定的品質及特殊個性，就必須集結莊園所有資源加以控制。於是對固定的製作團隊定期接受專業訓練，指定的茶區也有專人照護，再由特定人員採摘，手工製作，然後篩選品質。最後，當然是由他親自定味，調整出最符合的原始風味。

左上　通往普特邦莊園的路
　　　面平坦完善。
右上　大吉嶺最古老莊園的
　　　榮耀。
左下　多數茶區直接面對喜
　　　瑪拉雅山的乾冷。

深入大吉嶺，探尋頂級莊園紅茶

「皇后」（Queen）春摘茶就是這樣誕生的，後來也成為聞名全球的代表作。取名靈感來自「皇后之丘」的大吉嶺雅名。這款茶由1996年開始，精選海拔1400至2100公尺的向北茶區（42公頃），以Clonal茶樹的芳香細甜為主，共五種茶樹種，調製出「皇后」優雅高貴、甜美豐富的特有韻味。

「皇后」春摘茶茶湯清淡，和剛入口的感受相同。接著香氣開始綻放，細膩清甜像漣漪層層擴散，越來越強，源源不止，然後是悠長的回甘。像冷冽的微風吹襲高山青草原，撩過遍野小白花，穿梭漫霧冷杉林，然後撲進小黃花蜜櫞裡。若用來冷泡，以我個人的觀點，絕世第一。

此款茶擁有清雅氣質，到了夏天的「皇后」夏摘茶，便是脫俗的華麗典範。入口淡然化為濃郁香甜，後韻十足，都是這款限量頂級夏摘茶的尊貴姿態。

經過十多年後，另一款創新代表作「月漾」（Moondrop）在2011年誕生，這是莊園投入專業團隊所精製、研發的最頂級茶款。在春摘、夏摘兩季，選用海拔1700公尺以上茶區，7至37年樹齡的AV2樹種為主，再搭配其他兩種樹種風味調製而成。

「月漾」春摘茶，有著百花齊放的厚度，卻不複雜的相容細膩，純淨的花蜜香不斷飄揚，濃郁的花蜜味持續湧現。在流動的層次中，隱隱竄出甜韻，感受豐富。

「月漾」夏摘茶，在茶湯的綿密中散發高山鮮果剛熟，清甜微酸的香氣與滋味。溫度降一些再喝，茶感優雅卻飽滿，甘甜苦澀酸的均衡流動，

左　普特邦莊園主人——當代大吉嶺莊園紅茶的一代宗師。
右　皇后春摘茶產區。

上排左　Puttabong 1st Flush, Queen。經典的春摘大吉嶺風味。
上排右　Puttabong 1st Flush, Moondrop。百花齊放純淨甜韻。
下排左　Puttabong 2nd Flush, Queen。尊貴皇后風情。
下排右　Puttabong 2nd Flush, Moondrop。清甜微酸的高山鮮果滋味。

柔香回韻。或許，這就是莊園主人心中春、夏月圓時月光灑落的感覺。

　　「皇后」研發上市超過15年，已有相當穩固的市場地位。由於全球風靡，在經濟價值的運用上，年產量已增為春摘2000公斤、夏摘3000公斤。所以購買時要特別慎選茶葉的等級品質。但對於年產量有250公噸的莊園來說，這算是小產量。至於「月漾」，還是以維持春摘茶的特殊風味為主，一季採製3次，產量極少。到夏摘茶，僅因應需求少量製作。

爾利亞莊園 (Arya Tea Estate)

　　Arya當地語為尊貴的意思，莊園成立於1885年，雖然面積很小，員工只有230人左右，但在國際紅茶市場的聲望已到達頂級。傳說1763年一位西藏和尚翻過喜瑪拉雅山來到這裡，因這塊土地的純淨而深受感動，建寺修行，輾轉成為現在莊園。

　　莊園位置也在大吉嶺城向外延伸的山脈，前往製茶廠的路又彎又小，還有感覺車子會向前翻筋斗的超級斜坡，讓人心生畏懼。深入茶園後，來到最高的山頭，海拔1800公尺，從這裡向北一大片近乎垂直的山坡，全是

紅寶石紅茶的茶區。

　　莊園以「寶石」區分各茶類的等級，「紅寶石」（Ruby）顧名思義為紅茶的頂級茶款。以20公頃海拔1800公尺向北茶區的AV2樹種製作，已有10年歷史，擁有極高辨識度的核桃甜果韻，在國際上已具穩固的紅茶地位。

　　莊園被2000公尺以上高山群包圍，夏日濕熱的印度洋季風從南面吹來，周圍高山降下北方乾冷空氣，還有遠古土壤的養分等，有20年製茶經驗的莊園主人說，造成「紅寶石」的特殊風味，工藝是其一，最重要的是來自於土壤和自然的賦予。滋味飽滿卻輕盈、醇厚卻細膩、華麗卻清透，宛如質地純淨的紅寶石。「紅寶石」紅茶的熱銷，促使年產量增加至春、夏、雨、秋四摘共約1500公斤。其中最佳品質的夏摘茶也有300至500公斤之多。

　　近年來，莊園產製一款「紅寶石」的頂級款——「鑽石」（Diamond）。是集合莊園最優質資源，在最佳時機採摘，專業細節製作，精選最細緻等級，每摘產製50公斤的限量莊園代表。質感明亮清透，茶一入口便知。層

左上　爾利亞莊園是歐美茶饕公認全球最頂級的紅茶莊園。
右上　通往爾利亞莊園茶廠的小路，遺世獨立。
左下　爾利亞莊園常見陡峭茶區。

上　峻峭陡坡下的精緻採摘工藝，這些都是爾利亞莊園的無名女英雄。

左一　Arya 2nd Flush, Ruby。獨奏風情核桃甜果韻。

左二　Arya 2nd Flush, Diamond。精湛洗練的工藝下，創造出晶瑩剔透鑽石紅茶。

層純淨的花果蜜甜，令人有被侵襲般的明顯感受，回味無窮。核桃甜果韻的莊園風味，總是在最後展現。

在目前歐美流行喝白茶養身之際，莊園也製作「白珍珠」（Pearl）白茶，細膩飽滿的優雅滋味，頗受市場好評，也製作「黃玉」（Topaz）烏龍茶、和「翡翠」（Emerald）綠茶。

雷西何特 (Risheehat)
與莉莎嶺莊園 (Lizahill Tea Estate)

位於海拔2258公尺的Ghum火車站（距離大吉嶺車站6公里），是全印度最高的火車站，也是喜瑪拉雅高山小火車終點的前一站。成立於1852

年，大吉嶺最古老茶園之一的雷西何特（Risheehatt）莊園，就在這火車站的下方處。地方方言rishee意為和尚，hat為地方，莊園名稱組合起來則為「聖地」之意，可以想見此莊園幽然的環境。茶園在海拔800至1600公尺之間，有90%還保留了中國小葉種的茶樹，樹齡都超過百年以上。所以，除了生產傳統的紅茶外，也生產「特色茶」，仿製中國茶品如綠茶、白茶、烏龍茶等。

而莉莎嶺（Lizahill）莊園，傳說是莊園主人為紀念在此莊園中病逝的女兒而來。成立於1870年，擁有海拔900公尺到1800公尺的茶園，只保留40%左右的中國小葉種茶樹，其他則為新品種。到1964年才和雷西何特莊園合併，成為兩個茶區。1968年製茶廠被土石流沖毀後，現在所有的茶都移到雷西何特莊園的製茶廠製作。

莊園主人有25年的製茶經驗，負責經營這兩個茶區已11年。對茶充滿熱情，對於市場銷售有很多理想。他帶領1000名員工，用心照顧茶樹健康，對茶園進行有機管理，在茶葉的產能上有很好的效益，值得仿效。

由於相信茶樹越老品質越醇美，於是竭力發揮中國小葉種茶樹的本質，因此「甘醇香甜」便成為莊園主打的獨特風味。此莊園其他更精緻的茶品，都是利用這樣的基礎，加以研究製作而成。例如把蟲咬過的茶葉採摘集結，製成Kakra Musk，這種茶具有蜜香加麝香葡萄果韻的特殊風味。

其中，特別要介紹的是已產製10年的Tippy Classic春摘及Wiry Classic夏摘紅茶兩款，特選海拔1000公尺，140年以上中國小葉種老茶樹採摘，皆以採集茶樹嫩芽為主，每年各精製50公斤。只因不同季節製作，外形產生不同的特徵，便取了不同的名字。春摘茶是鮮純甘，夏摘茶是香醇甜，質地都相當細膩。有趣的是，不管在世界那個地區，茶葉做到最細緻時，外觀就容易相似，這款夏摘茶品

中國小葉種老茶樹密布整個雷西何特莊園。

左　Risheehat, 2nd Flush, Kakra Musk。特殊蜜香與麝香葡萄果韻風味。

中　Risheehat, 1st Flush, Tippy Classic。

右　Risheehat, 2nd Flush, Wiry Classic。

會使人聯想到中國武夷山的頂級「金駿眉」紅茶。其實，Wiry Classic使用的樹種正是來自那裡，兩者的風味有多少相似之處，就留給大家自行體驗了。

　　因為是中國小葉種茶樹，所以莊園的茶品研發也參考自中國。此莊園發展出不同發酵度的綠茶、白茶、烏龍茶等各種特色茶品，有異國鄉土的風味變化，非常值得一試。

塘松莊園 (Tumsong Tea Estate)

　　一大清早莊園就派車到大吉嶺來接我，約好一起吃早餐。車子開在十分傾斜的山坡間，彎來彎去、上上下下開了近2個小時。沿路上可見人們已在茶園工作，孩童走在上學的路上，還有擠滿學生的校車正趕著回較遠的學校。車子不停的在高聳的山谷間繞行。

　　這片狹長的大山谷，土壤肥沃、景色優美，有「黃金山谷」之稱，谷底還有河流貫穿。山谷對面沿著河岸較低處，有著一層層階梯式的稻田。而莊園就在向北的這一面，海拔900公尺到1800公尺之間，面對著喜瑪拉雅山的山羣。

　　Tumsong意為笑臉。既然身在肥沃的「黃金山谷」，有著當地人敬拜的印度女神Tamsa Devi的庇護，確實可以笑得開心些。莊園成立於1867年，目前是國際生態有機認證的莊園，員工約480名，一年可生產75公噸的茶葉。

左上　位於黃金山谷的塘松莊園。
右上　塘松莊園主人的豪宅。
右下　乾淨的製茶廠。
左下　以細膩雅緻風韻
　　　著稱的塘松莊
　　　園中國種春
　　　摘紅茶。

　　雖然99%還是種著中國小葉種的茶樹，但優良的地理條件和對環境的認真保育，加上莊園主人視製茶工藝為一種藝術的表現，讓原本甘醇的茶葉風味減輕了重量，提升了細膩，形成非常乾淨的雅緻甜韻。喝到這杯茶，忍不住給了莊園主人一個大大的擁抱，這個大擁抱，讓莊園主人意外的感動。

　　一到莊園，看到英國人留下的豪華大別墅，讓人為之驚艷。原來，莊園經過一番整理與規劃，開放成為頂級住宿，提供觀光客享受這裡清幽的茶園美景，相當值得推薦。

霖吉雅莊園 (Lingia Tea Estate)

　　塘松莊園主人開車載我到了一條小溪前停下來，這是與霖吉雅莊園的分界，而霖吉雅莊園的主人就等在那裡，迎接我的到來。我們三人便在這裡開起邊界衝突的各種玩笑，由此可以感受到兩莊園間的親近。畢竟，這兩個莊園原本就是由兩位德國傳教士兄弟在1867年所創建，即使到現在，

還是隸屬同一個茶葉集團。

　　一旁的霖吉雅茶區正在採茶，莊園主人要求採茶姑娘讓我拍照。姑娘們動作一致的先整理了一下自己，最後還要我把拍得美美的照片再寄給她們看。在莊園內工作或生活的居民，大多來自尼泊爾當地的高爾克（GorKha）民族，單純善良又認真安分。莊園主人一邊翻譯一邊解說，在嬉笑互動之間，也看出莊園主人親和的管理模式。

　　另一個貼心之處，就是茶園旁設置了可以遮蔭避雨的休息亭，高處掛滿了員工們自備的午餐。這樣一個小設施，就能避免食物被受到味道吸引過來的野生動物搶奪。

　　這是一個經過國際組織認證的生態有機莊園，莊園海拔高度在1000公尺到1800公尺之間，有400位員工，一年生產65公噸的茶葉。莊園內80%的茶區種植風味甘醇的中國小葉種，受到大吉嶺「黃金山谷」和其他優異的

上　製茶廠。
下　霖吉雅莊園，當地稱為「八個山峰聚成的三角形」。

左上　單純善良的高爾克族採茶姑娘。

右上　莊園內最高海拔茶區，種著阿薩姆大葉種茶樹。

左下　有獨特玫瑰風味的春摘茶。

自然條件加持，這裡的茶有一種獨特的玫瑰風味，受到茶饕的擁戴。

　　有13%的阿薩姆大葉種茶樹，獨樹一格的種植在莊園最高的茶區。刻意把大葉種茶樹的厚實風味細膩化，似乎隱藏著莊園的企圖心。莊園在創造茶品風味變化的心思，很值得期待。

　　其實，莊園所在的區域，當地稱為「八個山峰聚成的三角形」，莊園的名稱Lingia則意為險坡，由此可知地理環境的險峻。從風味偏重的茶樹種佔有的面積來看，莊園要成就的，是以有質量口感的鮮甜為主，然後再由大自然來賦予柔順細緻的質感。二者相乘，便是春摘或夏摘頂級莊園茶款都有的基本風味。

瑪莉邦莊園 (Marybong Tea Estate)

　　原本是霖吉雅莊園的一個茶區，一直為莊園女兒瑪莉所喜愛。當瑪莉嫁給隔壁莊園主人時，因兩莊園茶區緊鄰，便成為嫁妝被合併至隔壁莊園。瑪莉的丈夫為表現愛意，索性也把莊園改名為「瑪莉邦莊園」。Bong意為地方，這個莊園就是屬於瑪莉的地方了。

莊園位於大吉嶺「黃金山谷」，北向面對著喜瑪拉雅山羣，建立於1876年，有740名員工，現在已是擁有多項國際認證的有機生態莊園，即使因此而大幅減產，但茶葉年產量仍高達140公噸。當時的莊園經理，亦是自然資源保育的鳥類學家，曾經驚嘆這遠處白雪覆蓋的山峰和雲霧籠罩的山谷是如此的奇幻神祕。

　　莊園海拔1000至2000公尺，分為三個茶區，種植中國小葉種及其混種的茶樹。在大自然的調和下，莊園的茶款，都有茶樹種所帶來的甜韻本質，有著優雅的花香，在春摘茶中更是明顯。而夏摘莊園茶款，還有輕揚的檸檬味。

上　　抵達莊園頂端竟然是不再陡峭的一片平坦茶園。
左下　瑪莉邦莊園位於富饒的「黃金山谷」之中。
右下　有花香甜韻的春摘茶。

對我而言，花香不會過於華麗，甜韻不會過於矯情，就像莊園主人溫和樸實的個性，也融入莊園茶裡。是自然的流露。

楠嶺莊園 (Namring Tea Estate)

從大吉嶺城出發，開車2個多小時，終於來到位於Tessta山谷的楠嶺莊園。還好莊園的人們友善真誠，這種感動化解了一路上的顛簸。此莊園不但在環境保育及有機認證上下功夫，在員工福利制度及生活所需設施的建

左上　名滿歐洲的楠嶺莊園春摘茶，細嫩茶菁正以自然風緩緩萎凋著。
右上　莊園茶區廣大，剛採下的茶菁皆以攬帶輸送至茶廠。
下　　春天的楠嶺莊園薄霧飄逸，更顯詩意優雅。

置，也相當完備。

車子在茶園裡的小路繞來繞去，要全面了解這個大吉嶺地區最大莊園之一，可得花上很長的時間。莊園與眾不同的地方，是建置了茶園的纜線輸送系統，一袋一袋剛採摘的茶葉勾在上面，很容易的便運送到了製茶廠。莊園經理認真而詳細的介紹莊園，令人特別有感受，因為莊園茶的風味，總是包含著管理者的特質。

楠嶺莊園春摘紅茶，在法國及德國茶館是相當熱門的茶款。

莊園成立於1855年，有1000名以上員工，茶葉年產量多達300公噸。海拔高度在1000公尺到1800公尺，有60%種植中國小葉種、30%種植花香體系的Clonal小葉種，和10%的阿薩姆混種大葉種等茶樹。

此莊園主要分為三個茶區，一是Namring茶區，有著品質優異的Clonal樹種；二是Poomong茶區，又稱Upper Namring，種植中國小葉種，生產莊園最受市場喜愛的高品質茶款；最後是Jinglam茶區。

春摘和夏摘莊園紅茶，一向是莊園最熱門的茶款。近年來，莊園在製茶工藝的精進下，製作許多相當優質的綠茶，也已打開國際知名度。而用中國小葉種做出大吉嶺傳統麝香葡萄果韻的也不再只有紅茶，所製成的烏龍茶，亦受到關注，有機會不妨嚐鮮一下。

快樂谷莊園 (Happy Valley)

快樂谷莊園，名字好聽又好記，地處觀光名勝的大吉嶺城正下方，步行即可抵達。莊園利用這樣的優勢，作起個人及團體的觀光事業。莊園的名聲，因此遠播。

除了開放莊園提供民眾實際感受茶園風光，製茶廠也設有參觀路線設施，以玻璃帷幕隔離，專人導覽解說製茶流程。最後，會來到莊園唯一專屬的零售商店，讓觀光客買茶。開放自由觀光時間為早上8點至下午4點，星期日休息。

左　緊臨大吉嶺城區的快樂谷莊園。
右　製茶廠。

　　此莊園成立於1854年，位於海拔2000公尺，莊園的茶樹都是成立時種的，全部都有150年樹齡的中國小葉種，是最老及最高海拔的有機生態茶園。由於面積小，茶葉年產量少於30公噸，只能依客戶需求訂製各種茶款。春摘茶為德國茶商所喜愛，夏摘茶則多為英國人訂購，茶園還設有玫瑰園，專門為荷蘭及丹麥產製花茶。

堤米莊園 (Temi Tea Estate，位於錫金境內)

　　堤米莊園是錫金唯一一家由政府經營的莊園，所生產的有機茶葉在德國、日本及英國等國際市場越來越有名氣。

　　從大吉嶺城開車繞著難行的山路2個小時，終於來到錫金的邊界。檢查站相當嚴謹，但人們卻十分和善。過了檢查站之後，接著又是1.5小時的車程，平整的馬路，不時可以看到人們正在清掃馬路上的樹葉。對於連日來受夠狂顛的大吉嶺路況，此時有著終於得以喘息的莫名感動。

　　堤米莊園於1977年成立，在海拔1600到2100公尺，朝北面向喜瑪拉雅山脈的平緩山坡上，種植50% Clonal、30%中國小葉種及20%阿薩姆茶樹種。雖然地處大吉嶺北方，茶樹卻不像在大吉嶺會冬眠，所以終年都可產製茶葉。擁有500多名員工，一年生產100噸茶葉。

　　茶葉以外銷出口為主，75%的產量於加爾各答的拍賣會售出，以春摘、夏摘等單一樹種製作的莊園紅茶為最佳品質。剩下25%的產量，莊園也以自己的品牌包裝在國內零售。除了高品質的傳統莊園紅茶，也生產各

類型的風味紅茶，如以世界第三高峰命名的「干城章嘉茶」等，滿足了民眾多樣性的選擇。

從經理熱心的介紹、工作人員客氣的服務態度、製茶廠自由的對外開放參觀、沒有壓力的消費等，莊園歡迎觀光客的程度，讓人有點出乎意料。要買茶，在廣大的茶園中，還設有兩個觀光休息站，供民眾休憩消費，順便也能欣賞一層一層整齊美觀的浩瀚茶園。

上　　錫金政府經營的堤米莊園。
左下　莊園內的製茶廠。
右下　以莊園命名的品牌茶款。

柯頌城與鄰近莊園

柯頌城 (Kurseong)

在這個山岩地質的山區，山形陡峭，不管從那個方向來到柯頌，路都很難行。在雨多的日子，有可能遇上落石，也可能看見大片土石流的景象。Kurseong在當地的方言指的是「白色蘭花的地方」，真不知是形容這城鎮的美，還是險峻。

這個多霧的城鎮約有8萬人口居住，住戶們沿著山壁拓展開來。站在馬路邊，有時就會有白白的一團雲霧，慢慢的從山下直直的爬上來，不一會蓋住了腳踝，再一會的工夫，就超過了頭頂，貼住一大羣房子，讓人看不清。有趣的是，只要順著橫向發展的馬路走，就可以輕鬆的離開這一團白霧。

1500公尺高的城市中心，是大吉嶺喜瑪拉雅高山鐵路的中間站。鐵軌沒柵欄區隔的鋪在商店門前的馬路邊，火車就這麼和人車爭道。這裡道路滙集，不管去那裡都必須經過此地，真沒想到在山上交通也如此混亂。但大家似乎習慣了這樣的狀況，有的從從容容的等著，有的擠成一團，四周喇叭聲不斷，大家只是笑笑的看著，再逐一通過。在這裡其實不必想太多，跟著開心就好。

當地色彩豐富的房子沿著傾斜的山壁發展，整個城鎮就座落在尖銳的

左　柯頌火車站是大吉嶺喜瑪拉雅高山鐵路的中間站。
右　天無三日晴，地無三尺平的柯頌山城，當地的房子都沿著傾斜的山壁發展。

山頭上，沒有平坦的區域。這一面城市的視野空曠，茶園向下發展至山谷中；在城裡隨便走走就跨過山稜線，城市的另一面又是無際山谷的茶園。這附近的各個莊園，路可都不好走。但這樣的地理區域，讓茶樹有著不同的生長環境，莊園茶品會有不同的自然韻味，很值得品嚐。

羅希尼莊園 (Rohini Tea Estate)

　　莊園的經理受聘於羅希尼莊園19年，帶領400名員工，擁有32年的製茶經驗。跟著他在製茶廠，和員工們一起評鑑當日現做的茶品，討論風味的優缺點和製茶細節，在過程中大家爭相發言，可見他平日待人親和，完全感覺不出階級地位的距離，與其他莊園經理人不同；而他住的地方是相當傳統的二層樓印度樸實建築，也和其他莊園不同。大概是因為日子苦過，加上虔誠的宗教信仰，成就了如此的生活態度。

　　和他相處，有問必答，真是收穫不少。在參觀莊園時，他指著茶園旁種的大樹說，這樹除了可給茶樹遮蔭，還可砍下枝葉，以水浸泡數日，用來噴灑茶樹，可預防茶樹生病，或讓生病的茶樹復原。這是他不施農藥的土法經驗，只可惜他不知道這種樹的英文名。

莊園裡的採茶姑娘。

右　羅希尼莊園經理與少東，戮力將新興莊園推廣至全
　　球頂級紅茶市場。
左　Rohini, 2nd Flush, Enigma Gold，有趣的香氣及風
　　味，神似臺灣頂級蜜香紅茶。

　　此莊園曾在1960年時，英國人參與戰爭而一度關閉，印度人於1993年
接手後整頓，1994年開始營運，到1996年很快的就恢復了85%的茶園。到
現在，已經成為一個從祖父傳下來的家族事業。莊園主人來過臺灣參訪茶
園及工廠，也觀摩學習東方美人茶工藝，希望創造大吉嶺莊園紅茶更多樣
化風味的可能性。

　　Rohini原意為溪流。範圍從最低海拔500公尺延伸到1500公尺的柯頌
城，共分為四個區域，大部分種植的是大吉嶺新培育的花甜系樹種，但也
有百年以上的中國小葉種茶區，一年能生產100公噸的茶葉。

　　和原本一山又一山及湍急的山溪景致大不同，在茶園的一區，可以
看到喜瑪拉雅山垂下來的邊緣與平原相連，而一條較大的河川平靜的鋪躺
著。印度洋的濕熱季風，可以很快的抵達這裡。

　　要感受細緻香甜，久泡不苦澀的紅茶滋味，便要親嚐此莊園限量的夏
摘茶款──「黃金謎境」（Enigma Gold）。這是由眾多細芽嫩葉所組成，
每年產量有300公斤左右。而這款茶在春摘時節製作時，莊園則取名為「異
國風情」（Exotic），風味上則是細緻化為輕飄、滋味轉成甘香。

凱瑟頓莊園 (Castleton Tea Estate)

　　1885年成立的凱瑟頓莊園在離柯頌城不遠的郊區，莊園名稱改了幾次
之後，最後是以英國銀行家像城堡（Catstle）的住宅地標而定名。莊園的

左上　凱瑟頓莊園，名聲猶如紅酒界的波爾多五大酒莊般傳奇。
右上　凱瑟頓莊園屢創拍賣天價的證書就掛在茶廠經理辦公室。

左一　Castleton 2nd Flush, Moonlight，有夏茶之王的美譽。

左二　Castleton 1st Flush, Moonlight，春摘月光茶清甜，有高山青果風味。

製茶廠就設在道路旁，終於不必再繞著難走的山路開幾十分鐘車程就可抵達。更慶幸的是，要去參觀產出大吉嶺最昂貴紅茶的茶區，竟然就在製茶廠下方。

通往城鎮間的道路到了這裡，等於就直接開在狹隘的山稜線上，而凱瑟頓的茶園多在這條路的一側，朝西北向一直延伸到山谷。海拔約1800公尺一路下降到1000公尺，這一面山坡像起伏的丘陵，平緩連接的向下拓展開來，形成一片視野空曠的大山谷，和風徐徐。和馬路另一面的陡峭山形截然相反，即使地處多霧地區，山風卻一樣不甘示弱。

所產製的茶葉品質良好，有人推崇凱瑟頓莊園為「紅茶聖城」。莊園主人說，輕柔的麝香葡萄果韻，全屬於土壤和環境的自然成就，精緻工藝只負責保留住這獨特的風味。這樣的風土讓紅茶有更優異的表現，如莊園的頂級茶款「慕夏月光」（Moonlight）夏摘茶，因時常突破茶葉拍賣市場最高價格紀錄，而有「夏茶之王」的名號。

這裡的員工近600人，製茶旺季會多雇用400位臨時工幫忙。但「慕夏月光」，可是只由15位專業人員，在海拔約1500公尺、樹齡5至20年AV2茶樹種的茶區進行採製，夏摘茶的產量也只有150公斤左右。

剛開始聞茶乾就有一種難以解釋的香氣，品上一口清亮質穩的茶時，

就更令人無法抵擋的迷戀起這風味。比較容易形容的是茶湯細緻溫潤，口感層次豐富，有成熟甜果韻，在舌中央又帶點活潑的澀，化開再轉清甜。味道有花蜜、未熟的山蕉、初熟的櫻桃、最後是熟裂的核桃，再擠入一片台灣柿子的澀感。

安布堤亞莊園 (Ambootia Tea Estate)

　　住在海拔1580公尺滿是雲霧的山頂飯店內，就能喝到安布堤亞莊園的茶。原來，從飯店的陽台向外看，整片山谷到對面的山頭，都是這個莊園的範圍，而製茶廠就在山谷下。

上　安布堤亞製茶工廠，以高標
　　準製茶，符合歐美日先進國
　　家食品作業規範。
下　安布堤亞茶園舒展於山谷
　　間。

Ambootia 2nd Flush, Snow Mist，於法國高檔茶館甚受好評。

大吉嶺最古老的莊園之一，數十年前曾受到土石流衝擊，所以開始從事森林保育工作。莊園的商標是茶葉上有隻瓢蟲，1992年進行有機生態管理並取得認證。以互利的方式提供牛隻給員工們飼養，除了牛乳由飼養人利用之外，莊園也搜購牛糞便，以增加飼養人的額外收入。剛開始執行有機生態時，產量驟降，但現在品質穩定，產量也增加，又能保育土壤、強健茶樹和維護環境，是很好的典範。

莊園主人在這裡出生長大，同時擁有十多座莊園，員工多達6000位。莊主雖然年歲已大，但仍舊很有威嚴，在他周圍工作的人都戰戰兢兢，不過在說著自己與父祖輩們在茶園工作、生活的故事時，也不自覺流露出一股溫暖人心的笑容。問他莊園最大的特色風味是什麼，他說是花香青果味。Ambootia的意思就是當地盛產的青芒果，這是他最熟悉、最能形容的味道。

莊園的茶葉銷售給英國、法國、德國、日本與美國等世界最具知名的茶葉公司。頂級茶款「雪霧」（Snow Mist），在風味的細緻度有相當傑出的表現，在市場上特別受到矚目。

瑪格莉特的希望莊園 (Margaret's Hope Tea Estate)

車開在柯頌和大吉嶺城羣山之間迂迴，一定不會錯過瑪格莉特的希望莊園，也會憶起名字背後的故事。1927年，英籍莊園主人的小女兒瑪格莉特來此渡假，並愛上這裡，在返回英國前希望有機會再來。在當時，從英國到印度得在海上航行半年，船上空間窄小，海上氣候多變，身體和精神都是折磨。不幸的是，瑪格莉特在返途中病死，父親為紀念她，於是莊園便以這可愛的小女孩命名。

在看到莊園茶區標示後，車子繼續往前開，十多分鐘後還在莊園的大

範圍內。途中經過不少立於路邊的小亭子，這是莊園的直營商店，專門賣茶給往來的觀光客。這樣的銷售點，在大吉嶺各個莊園間正逐漸流行。

我的目的地還是製茶廠，製茶廠一般會建置在茶園中心較好的地點，以方便茶葉採摘後能快速的送進來。當我正在狐疑是不是錯過莊園入口時，就看見指標了。從入口到製茶廠，車又開了近1小時，路況很差，讓人對淒美莊園的空靈想像一下又給震回現實。

在1830年只是個小茶園，直到1864年才成立莊園，分為四個茶區，行駛在漫長綿延的山路，不難體會這莊園之大。海拔615到1700公尺，中國小葉種茶樹佔90%。員工有1200人，茶葉年產量210公噸。

上　　瑪格莉特的希望莊園，有著一股婉約的優雅貴氣。
左下　茶園層層疊疊的綿延於山谷中。
右下　Margaret's Hope 1st Flush, Shinny Delight（白茶），不同於中國白茶的輕淡質重，開創出大吉嶺極簡純淨的茶韻。

深入大吉嶺，探尋頂級莊園紅茶

左　製茶工廠，完美的座落茶園正中心處。
右　瑪格莉特的希望莊園主人相當直爽好客。

　　莊園以科學方法製茶、管理，讓工藝及品質精進且穩定。即使頂級茶款，仍維持不命名原則，以國際標準的茶葉品質分級標示作為辨識，要把經營的焦點回歸到茶葉品質的要求及表現。這樣的製茶熱忱與自信，讓莊園所製的茶葉都有相當不錯的品質。沒有名字記憶，也就不會落入名氣的迷思，莊園最優質的獨特風味，就是要品茶人從茶葉裡感受、認定。然而，德國茶商為方便銷售，還是自行為莊園的春摘頂級茶款命名為「陽光愉悅」（Shinning Delight）。

　　「瑪格莉特的希望莊園」在市場上知名度高，不僅紅茶受歡迎，白茶也有很好的評價。莊園綿延在15公里層層疊疊的山谷中，山谷下的溪流彎彎曲曲巧妙的穿梭著。不論站在山谷那一邊的那一個角落，彷彿都可以一覽莊園的全貌，和莊園的名字、莊園的茶一樣美麗。

薔帕娜莊園 (Jungpana Tea Estate)

　　Jungpana源自兩個字的組合，傳說是僕人Jung，為救主人而受傷，主人背他到溪邊喝水（Pana），但最後仍死在主人懷裡。此莊園位在巨石外露的巖岩山區，山路窄小蜿蜒，沒有盡頭的淹沒在森林裡。跨越一座座的山谷之後，莊園製茶廠位在山腰懸崖邊，彷彿到不了似的，不遠的兩側各有一條溪水從山中竄出，在陡峭山岩間如瀑布一般洩下。此時，終於體驗到外界所謂的「山中海島」莊園。

　　路在其中一條山谷溪邊停了下來，車子終究到不了製茶廠。需要步行

越過溪水上的水泥橋，再爬上380階沿著山壁鑿出來的水泥狹窄石階，才能滿身是汗的抵達最險峻的茶廠。原來，這真的是莊園和外界連繫最方便的路徑。莊園從食物到日常用品，甚至運茶、燒煤等，全靠人力背負。真無法想像當時建置製茶廠時，要把大型製茶機具搬運上來的艱難困境。最近的村落就在遙遠的山頭上，還好莊園很貼心的在製茶廠旁設置了員工臨時住所，在忙碌的製茶期間，給不想走回家的員工稍作休憩。

海拔高度1000公尺至1500公尺的薔帕娜莊園，北面是松林，兩側傾洩著山溪，中間有巨石、懸崖，80%的岩石地，茶樹在岩間的腹地生長。當製茶廠的試茶室沖泡起各種茶品時，薔帕娜莊園一貫獨有的、濃郁的熟果蜜香，立即充滿室內。

1899年英國人開始在此種茶，二次世界大戰結束後由尼泊爾人接手，至1956年才由印度人管理，目前有300位員工。從評茶師做起到現在已有20年以上經驗的莊園主人，所有茶品都在他的監督之下製作。特殊的自然環境條件，與專業製茶工藝結合，風味絕對唯一。所造就的醇美麝香葡萄果韻，也被視為最正統的大吉嶺紅茶風味，至今仍深獲英國皇室的喜愛。茶

左上　薔帕娜莊園的茶園座落於松木間，雲霧繚繞。

右上　山溪貫穿薔帕娜莊園，石階是唯一通往茶廠的路。

左下　岩質地形成就莊園厚實的風味。

左 Jungpana 1st Flush，三種不同品種混堆春摘茶，
　茶葉色澤豐富鮮明。

右 Jungpana 2nd Flush, Muscatel，英國女皇最愛的
　茶款。

葉年產量52公噸，以夏摘茶品質最受市場好評。

夏摘茶，是以Clonal樹種的細膩清香、China樹種的甘醇，及Assam樹種的渾厚等，按比例調成，企圖把風味分成上、中、下三個鮮明的層次，再讓各層次充分展現細部風味。茶體飽滿分明，完全表現出鮮果清涼、熟果蜜酸、堅果甜苦等風味。而春摘茶，一樣不改莊園個性，鮮明、沉穩、香甜。喝上一口，都讓人回到這莊園的特殊景致中。

昆堤莊園 (Goomtee Tea Estate)

從柯頌開車20分鐘到附近的聚落，再切入一條窄小顛簸的山路，不久，就可進入昆堤莊園的領域。

在這海拔2000公尺以上的山裡，一樣是雲霧繚繞。茶園多在海拔600公尺到2150公尺的範圍，共分為四個茶區，大塊大塊的岩石到處林立，此地有著「麝香葡萄果韻山谷」（Muscatel Valley）的響亮聲望，大概是這樣的環境才成就了此莊園紅茶的厚實圓潤風味。

到了製茶廠，採茶姑娘們聚集在一起，正準備出發工作，莊園經理很熱情的出來招呼。經他介紹才知道，這個莊園和再往深山裡面走的薔帕娜莊園有著相同的歷史淵源，都是1899年由英國人成立，經尼泊爾人接手，再轉入印度人手裡，現在歸於同一家公司管轄。

莊園有250名員工，一年產製約100公噸的茶葉，客戶來自美國、法

左　昆堤莊園岩石林立，成就厚實圓潤茶湯滋味。
右　昆堤莊園的百年茶廠、評茶室。

國、荷蘭、波蘭，但還是以英國、德國和日本為主要買家。而莊園的經典風味是眾所皆知的麝香葡萄果韻，其獨特之處如莊園經理所述「在夏摘茶裡，還多了玫瑰的芬芳和豐富的水果滋味」。

除了紅茶之外，也有烏龍、綠茶和白茶，這是所謂的特別茶款，這些特別茶款加總起來的年產量約2000公斤，只佔莊園總年產量的2%。

另外還有一項特殊的服務，莊園把百年以上的房子規劃成民宿，還有專門的廚師照料三餐，若喜歡自然山林，又想要體驗茶園風味，這裡是很好的觀光選擇。

吉達帕赫莊園 (Giddpahar Tea Estate)

吉達帕赫莊園的製茶廠就在山區的公路旁，這種便利對於受夠大吉嶺莊園山路的人是莫大的幸福。這是一個成立於1881年，私人經營四代的家族小莊園。現在由兩兄弟主導，親戚相輔，和一位在此服務半世紀，已像是家人的經理，共同管理製茶廠。加上住家就在製茶廠旁，整個氛圍就是幸福溫暖的家庭。

此莊園比起大吉嶺其他莊園規模較小，但還是擁有150名員工，茶葉年產量可達45公噸。莊園分為十三個茶區，海拔高度從1500公尺到2000公尺，97%都還是種著中國小葉種的茶樹。莊園的地理形式從莊園的名字就可了解，Gidda語意是老鷹，Pahar是峭壁的意思。家族、老樹、險崖的整

上　　充滿人情味的吉達帕赫莊園，就像高山陽光般溫暖。
左下　莊園製茶廠已傳承至第四代。
右下　莊園最老的古董——燒炭熱風機。

合，延續了大吉嶺飽滿實在的麝香葡萄果韻的傳統風味。而這裡終年多霧，形成的不僅是神祕浪漫的自然景致，也包覆了莊園風味，更增添細膩柔美。

因此，不意外的，此莊園的夏摘茶，有著厚實沉穩的風味，還帶有水果和木質的甜，及中國小葉種的微苦回甘。而春摘茶則較細膩，減輕了夏摘風味的重量，變得較鮮明、甘甜，非常清新紮實。

走進製茶廠，和其他莊園最明顯的差異，就是有很多古老堅實、用到表面光滑的木製材質設備，非常溫馨。廠房中央還擺了一台已經退休但具歷史意義的大型熱風機，他們不僅不忍拆掉，還引以為傲的熱情說明，就像這莊園給人的最初感受一般，可見深厚的情感是維繫吉達帕赫莊園運作的主要傳統精神。而這份傳統滋味，正是莊園的茶品特色風味。

「悅香」（Aromatic Delight）選用海拔1700公尺的第七茶區製作，是近年莊園頂級茶款的代表作之一。

瑪凱巴莉莊園 (Makaibari Tea Estate)

海拔高度約1400公尺，意為「玉米田」的瑪凱巴莉莊園，成立於1859年。是大吉嶺早期執行有機生態，極具知名度的莊園。以環境保育、結合周圍森林，讓當地所有的生命都有生活空間，整個生態體系都回歸莊園為宗旨。這些努力都要歸功於莊園第四代，也就是現任莊園主人的堅決理

左　莊園內的圖書館，設備齊全。
右　莊園內有製茶導覽，並設立茶葉專賣店服務觀光客。

上　瑪凱巴莉莊園。
下　瑪凱巴莉莊園紅茶被新加坡茶葉品牌大廠列為大吉嶺紅茶首選。

念。他致力於分享並傳授經驗，影響了整個大吉嶺地區，開始重視有機經營和生態保育。

　　在遠處就可看見山茶花的莊園標誌，製茶廠門口也設有茶葉專賣店，也提供製茶廠導覽，服務前來的觀光客。讓人印象最深刻的是比鄰製茶廠、人與人之間互動相當活絡的村落。這個村落有學校、醫院、圖書館、廟宇和各類商店，最重要的，還有一間義工服務中心。原來莊園提供民宿服務，來這裡的人都可由村民接待，與村民共同生活、了解莊園環境、學習當地語言，並可在製茶廠內實際參與製茶工作。

　　原來這是莊園主人的另一項德政，莊園運用所有的資源，讓村民可以有完全的民宿收入，又可以和外來客接觸，增廣視野，但不可砍伐、不可捕捉野生保育動物。整個莊園共有六個村落，自給自足，莊園主人最重視這裡的土地和生命，茶是這片土地上所有生命的生存保障。來到這裡，相信所有人一定會被他們的真實、熱情所感動。

　　莊園製成的茶款，不論是春摘或夏摘的紅茶、綠茶、白茶、烏龍茶等，滋味和這裡的理念及成就的環境生態很一致，不強烈，只有溫和與自然流暢。其中，莊園最珍貴的茶品就屬Silver Tips莫屬，分為Imperial和Muscatel兩款。此茶品因採摘細緻而風味細膩，但因不同季節製作，滋味由青草甘到鮮果甜都有。

米里克城與鄰近莊園

米里克城 (Mirik)

　　米里克城和尼泊爾只有一個山谷之隔，一眼望過去就是另一個國家。在海拔1800公尺城內最高處的山頂上，有座傳統的藏傳佛教學院，這一整片山城景致，是開放給全世界的人隨時前來修行。這裡的人口不到1萬人，是個充滿人情味的地方，物價消費也很低。

　　Mirik語意為「火燒過的地方」，這裡分為兩個集散地。一個是當地人居住的市集，是附近茶園的人採買日常生活用品之地；一個是由1500公尺的沼澤地改成的人工湖，之後發展出來的觀光旅館區。兩區的距離，很遠。週邊除了有茶園，橘子園也是滿山滿谷。

左上　米里克城迷人的景致。
左下　波卡寺位於米里克，這裡的人們善良、純樸，饒富人情味。
右　　假日市集，所有莊園的人都會利用這天到鎮上採買生活用品。

大多數居民都在旅館區作觀光服務，但要採買或回家，還是得回到市集區。在偏遠的山區，石油很貴，所以往返兩區之間，看到車子就可招手，願意載客的，就會停下來，但須付共乘費10元，分攤車資。這是因為公共運輸不方便，而衍生的共乘付費機制。

大吉嶺最高海拔的莊園，多在這附近山區。除了茶葉品質優異讓人著迷之外，環境祥和寧靜、人們善良純樸，都讓人印象深刻，不想離去。

塔桑莊園 (Turzum Tea Estate)

第一次接觸到塔桑莊園的是「喜瑪拉雅傳奇」（Himalayan Mystics）春摘茶，茶乾完整肥碩卻相當細緻，帶著春天的清新花草香氣與悠長甘甜，宛如絲綢堆積起的豐富層次。

塔桑莊園在西藏語意為「週末小鎮市集」。自1863年開始運作後，即成為大吉嶺最高莊園之一，茶區海拔最高2400公尺，礫石土壤，加上刻意的晚收，讓冷鮮的茶葉質量更趨飽滿，香氣滋味皆平穩且回韻悠長。而莊園旁龐大的杉林保育區，更突顯了莊園的特殊茶韻。因此，莊園最愛以這樣的特色表現喜瑪拉雅山的山韻，製作代表莊園風味的頂級茶款。

莊園主人擁有專業博士頭銜，經營莊園25年，秉持著貫徹精製化理念、細心照顧茶樹健康、茶廠一塵不染、堅持製茶工藝細節完美等莊園精

左　塔桑莊園主人，擁有美國農業科學博士的專業素養。
右　莊園專人專區養護出的黃金毫芽，成就出單品之王。

上排左　Turzum 1st Flush, Himalayan Mystic。
上排右　Turzum 2nd Flush, Himalayan Mystic。
下排右　Turzum 1st Flush, Himalayan Enigma。
下排左　Turzum 2nd Flush, Himalayan Enigma。

神。要達到「單一樹種極致純淨原味」的茶品理想，需要相當的專業實力與堅持，而莊園主人有著樂觀天性與過人風範，每次談到塔桑莊園，永遠最值得敬佩。

「喜瑪拉雅傳奇」主要呈現的是喜瑪拉雅山的奇幻，所以選擇香氣豐富、質量飽滿的AV2樹種。每當夏日來臨，「喜瑪拉雅傳奇」夏摘茶，其風味如花蜜般細緻柔順，包含各類鮮果酸甜，在華麗迂迴層次之後，便是堅果的沉寂香甜自然回落。如入高山森林，在霧聚霧散、陽光樹影之間，經歷多變的精彩傳奇。每年限量精製約500公斤，在選擇品質時，記得先感受其純淨的清晰度。

「喜瑪拉雅謎境」（Himalayan Enigma）是莊園主人研究多年後，再度創造的不同茶品風味。2014年是第3年產製這款茶，充分詮釋喜瑪拉雅山的謎樣仙境。選用種植在1800公尺以上高冷北向茶區的P312茶樹種，此區可直接迎向喜瑪拉雅乾冷的山風，及避掉印度洋南來的雨水。茶葉摘採樹齡年輕、鮮嫩的一芯二葉，最後再以精細的製茶工藝完成。

「喜瑪拉雅謎境」春摘茶，擁有自然膠質的稠、清新鮮綠的甜、優雅小花的蜜，這般滋味彷彿對應著，即使山嵐飄紗，仍能感受到山谷的翠綠草原，布滿白色、黃色的點點星花。然而，以如此細緻的風味來表現豐富

深入大吉嶺，探尋頂級莊園紅茶

133

時雨時晴、霧聚霧散的
塔桑莊園，
有單品之王的美譽。

悠長的茶性，最好定心品味，才能享受這份幻美的寧靜。

　　「喜瑪拉雅謎境」夏摘茶，擁有層次豐富和品質甘醇的特性，鮮果、果蜜和堅果香甜的質感，已被竭盡所能的展現。而獨特的莊園風味在於回韻，也融入這款茶裡。像午後濃霧仍是輕盈，這種夏日的謎，要慢慢喝才不會錯過。

　　想要探索大吉嶺茶樹種的風味，選擇塔桑莊園的頂級茶款，便具有相當好的參考價值。除了AV2、P312茶樹種的代表茶款之外，以B157茶樹種精製而成的頂級茶款「奇艷」（Wonder），也是獨有一番滋味。

桑格瑪莊園 (Sungma Tea Estate)

　　桑格瑪莊園成立於1863至1866年間，莊園的名字在西藏語為「野磨菇遍地的地方」。莊園保留了絕大部分原有的中國小葉種茶樹，多有140年以上的樹齡。而茶廠在1934年被地震震毀後，便和塔桑莊園合併。整體而言，莊園的風味多甘醇圓潤且細膩。

　　桑格瑪莊園年產140公噸茶葉，莊園主人即是塔桑莊園的主人，以精準的科學方式製茶，竭力實踐個人理念。他把140多年的老茶樹，依土質及環境，配合工藝技術，強調當地風土特色，製作出各種風味的莊園紅茶，如Musk（強調麝香葡萄味）、Flowery（強調花香味）、China（中國小葉

左　桑格瑪莊園製茶廠。
右　莊園維持中國小葉種茶樹的生長，延續大吉嶺傳統紅茶風味。

種原生味）、Superior（強調優良品質）、Kakra（強調茶葉被蟲叮咬後散發的蜜味）等，製茶工藝相當細緻。

Sungma 2nd Flush, China Musk，擁有極受讚賞的正統麝香葡萄果韻。

要特別介紹的是Musk這款茶，即Muscatel「麝香葡萄果韻」。大吉嶺紅茶風靡全球，除了細緻優雅的豐富層次不同於世界其他地區之外，最令人回味的便是這最具盛名的味道。因此，大吉嶺的各個莊園大都強調並產製這類型的茶品。

說起麝香葡萄果韻，除了享受水果味道的變化層次，再來即是追求茶湯入口後，收斂性（澀味）撞擊舌中心點的那股快速強大力道，嚮往著澀味散化的速度、方式及柔順轉甘的滋味變化。

桑格瑪莊園的夏摘茶特選最高1800公尺山坳地形的南向茶區，刻意厚實麝香葡萄果韻的強烈口感。採摘黃色嫩芽葉，茶體綿密滑順而純淨。這是中國茶樹種適應印度大吉嶺的風土之後，而衍生為當地特有的韻味，百年來的重新詮釋，最具歷史經典。

高帕達拉莊園 (Gopaldhara Tea Estate)

十九世紀，兩位來自英國的企業家造訪這裡的主人——Gopal，而旁邊的溪流叫Dharas，於是「Gopaldhara」的名字就這樣產生了。此莊園成立於1881年，在1945年時期，英國人急著離開印度，現任莊園主人的曾祖父原為此莊園的物品供應商，在當時沒銀行貸款的時代，便向親友集資購買取得此莊園。1995年再由他接手，以家族事業方式經營，產品除了外銷國外市場，也致力於國內銷售。

和大吉嶺其他莊園比起來，高帕達拉算是小莊園，有近400名員工，年產量80噸，但卻是大吉嶺最高的莊園之一。海拔從山谷下的製茶廠約1100公尺，一直上到山頂的2400公尺，有著相當優異的地理環境。莊園擁

上　　高帕達拉莊園是世界自然基金會（World Wildlife Fund）組織成員之一。
左下　Wonder Tea即來自莊園最高海拔茶區。
右下　Gopaldhara 1st Flush, Wonder。

有很特殊的美麗景觀，山上有六個種著不同茶樹種的山丘。此莊園亦為世界自然基金會（World Wildlife Fund）組織成員，在茶園裡，你常會與不怕人的野鹿不期而遇。

　　高帕達拉莊園製作春、夏、秋三摘風味濃郁香甜的頂級紅茶，被稱為「赤雷」（Red Thunder），是近年來主推的莊園茶品。

　　另一款莊園名氣茶品——Wonder，已有15年製作歷史，茶樹年齡是20年。採摘自莊園最高2400公尺、20公頃AV2和P312茶樹種的兩個茶區，製成春摘茶，每年產量約只有500公斤。質量飽滿、豐富細緻，熱沖冷泡都

有鮮明的清香甘甜，久泡不苦澀也十分耐泡。當時美國買家喝了茶之後脫口而出「It is wonderful」，於是這款茶就有了名字。夏摘也有800公斤的產量，滋味是細緻果蜜甜。

芯布麗莊園 (Singbulli Tea Estate)

　　時而一山一嶺的遼闊、時而雲霧流動的虛幻，公路在山嶺間盤旋若隱若現，這片美景，正是芯布麗莊園。事實上，芯布麗莊園坐擁9個山頭、分成四個茶區，海拔高度從470公尺到1400公尺，兩邊最遠的距離達22公里，是大吉嶺最大的莊園。員工有1300人以上，年產量有近250公噸。此莊園於1923年成立，到2003年才由印度公司接手經營。

　　芯布麗莊園位在山形和緩、海拔不高的喜瑪拉雅山脈邊緣，白天溫暖入夜寒冷，和多數莊園位居高冷環境不同。這裡的茶葉質感敦厚，整體上風味多呈鮮明。聞時是花香、喝時是果味，最後留下的卻是堅果餘勁。

　　論名氣，莊園最受歡迎的是春摘茶，有別於其他莊園，風味層次格外寬廣。最具代表性的是「凝露」（Flowery），就像是集結春天百花上、凝聚一夜滋味的晨露。茶湯入喉後，彷彿吃上一顆帶梗的白葡萄，湧現出草

芯布麗莊園山形和緩，茶園秀麗。

左　Singbulli 1st Flush, Flowery。
右　芯布麗莊園白天暖、入夜冷，茶湯風味鮮明質厚。

原的清爽，微微透著乳香，還有花香花蜜味，又帶出青澀春果，最後還有刺激的特殊「辛」味。

　　夏摘茶同樣滋味豐富、濃郁，正好表現成熟的麝香葡萄果韻。只是這種濃郁，被切分出多個層次，如頂級茶品「精選古典」（Vintage Musk）所強調精緻復古的夏日茶韻，就在新鮮輕揚與老陳穩重間逐一展現莊園獨特的鄉土風味。

圖爾波莊園 (Thurbo Tea Estate)

　　圖爾波莊園與尼泊爾只有一河之隔，Thurbo源自於地方語的Tombu（帳棚），因為過去英國人曾在這裡紮營作戰。圖爾波莊園建立於1872年，現已歸印度公司所有。這座莊園的茶葉年產量有240公噸，員工人數高達1700人以上。

　　位處於喜瑪拉雅山羣中的低地巢區，茶園的海拔高度在800至1900公尺之間，向北面對著終年白雪覆蓋的干城章嘉峰。茶園就在一丘一嶺的山形中平緩展開，一南一北各有一條溪流，結合了日照時間短、氣候乾冷、溼熱的轉換等自然因素，加上周圍又有橘子園和蘭花園的間接影響，讓中國種茶樹有更豐富鮮爽的滋味，阿薩姆茶樹有更滑順甘甜的風味，尤其讓大吉嶺培育的香甜系茶樹品質表現獨特。然而，製茶師卻認為莊園最大的優勢，在於肥沃的土質。

　　春、夏摘茶以香甜的AV2茶樹加上精緻的手工製茶工藝，製成「月光」（Moonlight）限量茶款，有著花香帶高山鮮果的輕甜韻。夏、秋摘茶以甘醇的China茶樹種，細膩展現「麝香葡萄果韻」（Musk）茶款的豐富，有著柔和果香與熟果蜜甜的圓滿。莊園就以這一輕一重的系列茶款，在一年之中綻放莊園特色。

上　圖爾波莊園的特殊景觀。
右　一丘一嶺平緩展開的茶園。
左　圖爾波春摘月光茶，近年來聲勢凌駕其他同樣以
　　月光為名的春摘茶。

深入大吉嶺，探尋頂級莊園紅茶

查蒙莊園 (Chamong Tea Estate)

　　莊園主人開著車從最底層的河谷，繞行陡峭的山形爬上最高的茶區，不停的介紹茶園。有時是尖尖三角形的直立山形、有時是一個個半圓形的山丘，從高處像不規則的階梯往下疊，地形景致極具特色，美不勝收，讓人難掩興奮。心想，茶樹在這麼特殊的環境下生長，風味一定也很獨特。

　　回到製茶廠，驚喜並沒有結束。廠區靠著臨近的溪水發電，用電自給自足，既免費又無污染。原本大間寬敞的製茶萎凋室，刻意隔成一小間一小間，目的在改善茶葉萎凋過程的變化。廠內還建置有茶葉乾燥控制室，讓剛製作完成的茶葉，在精選分級及包裝前，能擁有優良的儲存環境。其實，最讓人吃驚的是那超大的評茶室，莊園主人希望讓所有人都能在毫無壓迫感的狀態下，放開心胸評鑑茶品。莊園所屬集團曾多次到台灣觀摩，

左上　查蒙莊園入口處。
右上　主人家樸實舒適的佈置，人和茶都一樣真誠溫暖。
下　　查蒙莊園的茶園。

進口不少台灣的小型製茶機具，在這裡看到，心中多了幾分親切感。

莊園主人家並沒有其他莊園氣派，佈置得十分平實溫馨，很有家的溫度，由此也可得知，主人誠懇樸實的溫暖個性。

Chamong的Cha語意為茶，Mong為和尚。而莊園名字傳說是由一種名叫「Chamoo」的鳥名演變而來。這區域原有眾多和尚在此修行，也為居民祈福。在和尚頌經的早晨，鳥兒們會聚集一起吟唱，而和尚汲水維生的池塘，鳥兒們會撿拾池水上的枯枝落葉用以築巢，間接讓水質保持乾淨。

Chamong 1st Flush，春摘茶的厚實瓜甜滋味，深受德國及日本歡迎。

查蒙莊園成立於1871年，茶園海拔高度從1000公尺到1850公尺，種的全是China樹種茶樹，一年生產70公噸的茶葉。擁有450名員工，分別居住在莊園內的五個村落，照顧著鄰近的茶區。

聽莊園主人說，德國人和日本人都愛這獨有的厚實瓜甜滋味，聽得我口水都快流出來了。其實，這正是莊園的特色風味，主人也沒有吹噓，春摘紅茶像綠色的哈密瓜、夏摘紅茶像黃色的哈密瓜，確實是茶湯一入口，香甜直接湧現。回想起莊園擁有的一切，和主人的生活理念，就在茶裡真真實實的呈現。

歐凱蒂莊園 (Okayti Tea Estate)

原名為Rangdoo莊園，會改名是因為茶葉獨特的紅茶風味，在英國倫敦拍賣會上爆紅，倫敦人稱說是The Only Okay Tea，之後便索性改名為OKayti莊園。製茶廠在1888年建設完成，正式產製茶葉。

莊園和尼泊爾之間只隔了一條河，海拔高度從830公尺到2360公尺。從擁有大吉嶺最高海拔茶區一個山丘一個山丘疊著的延伸至山谷間，相當優美。這樣的環境，加上精良的製茶工藝，風味自成一格，長期受到英國人的喜愛，更為Harrods品牌的指定製茶莊園。員工達到1000人，茶葉年產量也有170公噸，主要銷售美國、歐洲及日本。

上　　歐凱蒂莊園的優美茶園。

左下　莊園內的製茶廠。

右下　歐凱蒂莊園深受英國茶商歡迎，特別提供一個產茶專區給英國知名茶品牌。

　　一般而言，春摘和夏摘時製作的茶品，最受市場喜愛。而歐凱蒂莊園秋摘茶優異的品質，卻也一樣頗受市場好評。不論那個季節，莊園頂級茶品風味多呈現輕揚悠長的甜韻。當然，最優異的還是夏摘茶的甜果滋味，其中以Golden Tips茶款，產量僅300公斤，是莊園經理最推薦的。

美好莊園紅茶

　　品味莊園紅茶，如品味莊園紅酒，充滿樂趣。不但可體驗當地風土，也深刻挑戰味蕾最細膩的感受。我們可以品嘗同一年的不同莊園、不同季節、各式各樣莊園紅茶，累積自己的味蕾地圖，更可以針對喜愛的莊園，及鍾愛的個別經典茶款，品嘗其不同年分的變化。

　　如同莊園紅酒般，有時候我們會因為嘗到美好年分的莊園紅茶而雀躍不已；但更多時刻是莊園紅茶引領我們真實的感受到一茶一世界的美麗。

CHAPTER

7

沖泡出紅茶的個性

住在莊園主人家裡，有很多的時間可以彼此交換意見，這時也總會沖泡莊園的好茶相伴。莊園主人會在茶裡加糖，這是印度人從小的喝茶文化，是生活習慣，也是味覺記憶。「喝起來，」莊園主人說，「茶加糖的滋味才夠完整，真的是一種完全的放鬆。」聞著茶香、喝一杯滿意的好茶，總是能安定情緒、振奮精神，和品嚐美食一樣有著療癒作用。

把茶包放進茶杯裡，倒入熱水浸泡一下，水的顏色變成茶色，再試喝到自己滿意的味道，拿出茶包，泡茶其實就這麼簡單。買茶袋自製茶包、拿個茶葉過濾器、或者直接使用附有過濾器的壺，沖泡一樣方便，也達到喝茶的目的，享受放鬆的心情。

如果想要講究一點，茶葉本身的品質，就是最重要的關鍵。選購到自己喜歡的茶葉，要完全的呈現風味，就要多用點心來沖泡。泡茶時重視越多的細節、掌握越多的小技巧，就越能發揮茶葉本質的優異性。這時候，茶不會只是好喝而已，還會多點感動。

茶葉、水溫、浸泡時間

談起泡茶，有三項決定性的關鍵：茶葉、水溫、浸泡時間。這三者間有著密切的關聯性，沖泡時要互相搭配調整。

基本上，茶葉的顏色越淺（白、綠、黃），或大多是嫩芽，使用的水溫就要越低。但也要控制在攝氏85度以上，否則香氣和層次都會不明顯。而茶葉顏色越深（紅、褐、黑），水溫要越高，高溫沖出來的滋味才會飽滿完整。

浸泡時間的調整有幾個簡單的原則，如茶葉的葉片越大、越捲、越緊實，茶葉放的量就要越少。或者水溫越低、沖入的水量越多時，浸泡時間就要越長。反之，浸泡時間就要縮短。

所以泡茶時，一定要看看茶葉的顏色、葉片大小的組合、聞聞香氣的展現等，然後再配合喝茶的人數（或杯數），決定茶葉的用量、水溫的調整與時間控制等，記住這些基本原則，不論碰到什麼狀況都可以彈性運用。

選購到自己喜歡的茶葉，
　要完全的呈現風味，
　就要多用點心來沖泡。

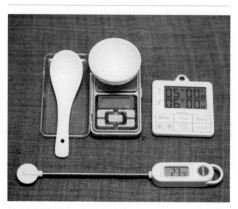

沖壺好茶的基本工具：電子秤、溫度計、計時器及取茶葉慣用茶匙。

無論如何，茶葉一定不要久浸在水裡。一來會減少茶葉的沖泡次數，無法讓茶葉適當的發揮品質。二來茶葉本身所含的微量礦物質中的重金屬元素，在茶葉泡爛後容易釋放，喝多了對身體沒有好處。所以，每沖泡一次茶葉，記得一定要把茶葉瀝乾。

另外，茶泡太濃，對身體會過度刺激，沒有正面的健康效果。最好控制茶葉用量和浸泡時間，才是不浪費茶葉的好習慣。

茶是現泡、現喝滋味最好。茶泡出來後容易氧化，放的時間越久，香氣會揮發、滋味會變沉，層次會減少。熱泡出來的茶或泡開的茶葉，在天氣熱的室溫下，久放會有腐壞的可能。除非冰起來作好適當保存，否則建議最好別再飲用。

泡茶若要控制得更精準，可利用以下工具：

1. 電子秤：秤出茶葉的使用量。也可以用固定的茶匙取出茶葉量。要注意的是大形葉片蓬鬆、中形葉片堆疊、碎葉片密集，同樣一匙體積的茶葉重量並不相同。

2. 溫度計：測量水溫。注意熱水的蒸氣表現，直衝明顯的蒸氣就是攝氏97度以上，以大S型緩慢上升的為90度，而若隱若現的大S型則約為85度左右。

3. 計時器：確保浸泡的時間。平時可以利用一些方法來訓練自己內心讀秒的精準度，如等紅綠燈、運動慢跑、無聊打發時間等，體驗30秒、1分鐘、1分30秒的長度。以後就算不用計時器，也能大概預估時間的長度。但如果需要較長的浸泡時間，還是要用計時器來提醒自己。

其他的工具，如茶袋、濾球或濾網等過濾器，對重複沖泡、過濾茶渣及清理等，都很方便。但一定要保留茶葉伸展的空間，不要塞得太滿。

調整心態

在最優質茶區採摘最細嫩的茶葉,依照標準程序製作,再加上製茶師的檢驗調整,這樣的茶葉風味一定不同。很明顯的,製作好茶葉的關鍵在於「用心」。泡茶也是如此,只要用心,有敏感度,才能注意到細節,才會適時修正,才能成就精緻品質。

「靜心」,是泡茶的第一步。「靜心」不是在腦袋放空或神遊,而是開始搜集資訊。

不管時間有多趕、情緒是高漲或低落,先深呼吸慢吐氣,讓心跳緩下來,讓行動慢下來。再開始觀察喝茶的人,有多少人數、喝茶的習性、現在的情緒、身體的狀況等,依此選定茶品,並決定要沖出的香氣及口感。接著理解茶葉目前的狀態,顏色變化、葉形大小、芽葉比例、香氣多寡與輕重等。

「決心」,是泡茶的第二步。綜合所有資訊,做好最後的決定,如茶葉使用量、沖泡水溫、沖泡方式、第一泡浸置時間等,確定好就不要再猶豫。

泡茶時,腦袋要專注過程中的每個沖泡細節。茶葉取量要精準、水溫變化要控制穩定、浸泡時間計算要得宜、水柱的大小方向高度要正確等,做到那兒,專注到那兒,要確實掌握到位。

總之,泡茶要平心靜氣,不可分神或放空;泡茶要放慢動作,不可生疏或猶豫,是緩和呼吸,給予充分時間,清楚的做好每個細節。「一心多用」和「急躁」是泡不出好茶的。另外必須要提醒的是,即使常泡茶,若過於自信,很容易忽略細微的差異變化,而未能做到適時調整。「習慣」和「不知變通」,是泡不出好茶的。

若要泡給他人品茗,沖泡者就必須平穩品飲者的心境。利用一些小技巧,如在泡茶前先介紹

沖茶前先瞭解茶葉狀態。

茶品、賞茶、聞香等。泡茶的人，速度放慢就會從容、穩定了就會放鬆。能在這樣的心情上品茗，有滋味、有感受、才有享受。想泡好茶，不是先懷疑茶葉品質好不好，可以先「自我要求」，增加泡茶的知識與修養。

燒一壺好水

「水」是茶之母，也是泡茶時相當重要的環節。

紅茶在西方世界如此盛行，水也是重要的因素。因為歐洲和英國中部以南都是鈣和鎂含量高的硬水水質，用電茶壺燒水，都必須定時清除壺底留下的鈣化白色結晶體。總之，以這種水沖泡綠茶、烏龍茶，都會變得平淡無味。但紅茶的發酵度高，沖泡後固然苦澀，不過加糖或加牛奶蓋掉後，濃厚的紅茶滋味卻潤飾得恰到好處。

所以沖泡茶葉最好是使用軟水水質。台灣北部的水質是軟水，只是自來水裡添加了氯，最好能以淨水過濾器先過濾，或水煮沸後再多燒些時間除氯，應該就可以解決。不過不建議煮過久，否則水中的空氣都煮掉，會變成沒有活性的死水，泡出來的茶滋味也是平平。其他像燒過的開水重新再加熱、或放在保溫瓶自動加熱保溫的水、或大型飲水機的隔夜熱水等，都有相同的問題。

　　古代人泡茶的選擇，會以山泉、江水等新鮮流動的水為主，選用山泉水，其實還有一個好處，就是水中有較豐沛的礦物質含量。現在，有很多人到各地山區提取山泉水，市場上也有銷售各式各樣的桶裝礦泉水。不同礦物質種類及含量比例，也影響著茶味的釋放及茶體質感的重量，必須依茶葉的特性狀況來選用。用水質太重的礦泉水泡茶，是無法展現大吉嶺紅茶輕揚多層次的茶性。但台灣重發酵重焙火的鐵觀音卻相當適合，剛好可以突顯其沉穩的茶韻。

　　用不同材質的燒水器皿，也會釋放不同的礦物質，進而影響水質。如金、銀、鐵壺有微量金屬，陶壺含有礦物成分，用這些壺煮出來的水泡茶，能細膩柔和的穩定茶韻，都是不錯的選擇。唯一要注意的是，鐵壺燒出來的水，會強化紅茶的苦澀感，不適合用來沖泡紅茶。有人會在燒水時加入碳木，目的是為了刺激礦物質的釋放，並吸附水中雜質，有淨化水質的功能。

左　烏龍茶極適合以鐵壺煮水沖泡，但紅茶就不適合。（李采渝提供）

右　以銀壺煮水沖泡紅茶，茶香鮮明細膩，茶湯甜韻甘活生津。（李采渝提供）

在日常生活中，只要用新鮮取得的自來水，經過水質過濾軟化除氯，燒水煮開後泡任何的茶，都會有不錯的表現。

如何選擇器皿泡茶

有人常問紅茶是否可以用中國傳統的方式來沖泡，還是得用西方的器皿沖泡才恰當？或許印象中紅茶是西方人喝的茶，才會有這種疑問。但紅茶的本質還是來自茶葉，只是文化上讓喝茶有著不同的發展，茶要怎麼泡，其實不必受到觀念上的限制。因此，在選擇泡茶的器皿上，要看自己的心情和目的，或者配合時機應用。

不論是那種器皿，還是以上滿釉、導熱性佳，不會吸走茶味的瓷器最好，白瓷還能清楚欣賞茶湯的美。

以中國小壺泡茶，必須用較多的茶葉、較少的水量，這是想要滿足品茗的渴望，或心情不安時選擇的方式。了解每種茶的個性、專注細節，透過每個步驟，藉以安定心神。茶葉浸泡時間短、溫度掌控容易，茶和人之間的互動關係，便表現在茶的滋味中。

泡茶時，讓茶引領、或自己主導，避開各自的缺點，或發揮共同的優點，茶香才能收得完整、茶味濃淡層次才會具體呈現，這就是茶與人的契合，一種相互知心的心靈安撫。

用蓋碗泡，茶量、水量多少好控制，掀開蓋子便可以清楚看到茶葉、茶湯的變化，以茶為主就是展現茶品，以人為主就依喜好風味斟酌，茶性好掌握，泡完茶也好清理。

用大茶壺一次沖泡，在人多的時候，可以省時省麻煩的盡興喝茶。而在一個人想喝茶又想放鬆做事時，也不怕很快就把茶喝完。但因喝茶的時間拖長，茶會持續氧化，讓滋味變沉。以這種方式泡茶不能泡得太濃，不然喝到最後一杯會因為口味過重而吃不消；也不能泡得太淡，這樣在第一杯就無法感動人心。

若只是想簡單、快速的喝杯香醇的好茶，可舀一小匙茶葉裝入茶袋放入馬克杯，熱水一沖，1分鐘後取出茶包。若要消暑解渴，丟進水壺裡加冷水泡8小時，就可以隨時大口喝了。

不論是那種器皿，還是以上滿釉、導熱性佳，又不會吸走茶味的瓷器最好，白色的瓷器還能清楚欣賞茶葉茶湯的美。質厚散熱性差的陶器，會增加紅茶濃厚質感，卻能刺激出苦澀；而玻璃材質不易留住溫度，紅茶的甘醇層次與香氣難完整釋放，風味自然平淡。

在沖泡前，一定要先倒入熱水溫好器皿，倒乾水後再置入茶葉。避免泡茶時水溫被冰涼的器皿吸走，導致水溫不夠，泡不出茶香茶味。

小壺沖泡，細膩品味

只要看見有人用小小咖啡色的壺泡茶，就會認為是在喝烏龍茶。若桌上擺的是精美的彩繪白瓷壺，伴著的是輕立於白瓷碟上綻放如鬱金香的白瓷杯，有一種下午茶的氣氛，大概認為喝的當然是紅茶。這種先入為主的刻板印象，讓泡茶的器皿在使用上好像不能太越界。

其實，不論用小壺沖泡什麼茶，效果都超好。茶葉量放得多，質量足以分層運用；快沖、快倒的分次泡茶，水溫不致流失，也可以掌握溫度。另外，小壺密封性佳、泡茶時間短，不但能減少香氣揮發，還能加以保存。因此，控制好香氣與茶質含量釋放的程度及層次，想喝出什麼樣的茶滋味，泡茶的人是可以掌控的。

第一泡茶，香氣釋放最多，然後開始揮散，我喜歡在第一泡茶時特別強調香氣的表現。相對的，茶味要淡淡的，讓感官落在嗅覺的反應上。接下來才會在茶韻的口感上，一泡一泡漸濃的發展。在最醇厚的時候暫緩泡茶，享受幽香繚繞、甘甜餘味的寧靜變化。

以小瓷壺沖泡紅茶，風味最完美。

印度大吉嶺每個頂級莊園的代表茶款，風味都自成一格。大吉嶺紅茶在世界上的尊貴定位，正是來自於香氣、茶韻的細膩表現，且層次豐富，基本上，用小壺沖泡最適合。風味一層一層細微的切分，差異特別鮮明。

器皿	以白瓷壺最佳。輕敲壺身清脆、薄身且壺底不厚的紫砂，或其他材質的壺皆好。如果壺身內無上釉，有氣孔，最好先確定無其他茶的餘味再使用。			
置茶量	葉碎1公分以下		葉形完整超過1公分以上	
	鋪滿壺底		放至壺身的1/4	
沖泡水溫	春摘茶	夏／秋摘茶	春摘茶	夏／秋摘茶
	攝氏90度	攝氏100度	攝氏90度	攝氏100度
沖泡時間	20秒	10秒	30秒	20秒
沖泡技巧及注意事項	1. 先倒入熱水溫壺，倒掉熱水後再置入茶葉。 2. 第一泡無須倒掉，可以直接飲用，最健康的質量都在第一泡。 3. 前三泡茶的沖泡時間相同，第四泡茶開始時間加長10秒。 4. 每沖一次茶，一定要把壺內的水倒光，避免茶葉浸置，影響下泡茶的滋味。 5. 沒沖茶時要把壺蓋掀開，避免茶葉乾熱悶出苦澀。 6. 準備過濾器，茶倒出來時濾掉可能的碎茶渣。 7. 白毫芽多時，提高熱水壺的沖茶高度，以細長的水量注水，以降下5度水溫來沖泡。 8. 茶葉越碎沖泡時間縮短、越大時間拉長。 9. 茶葉包裝打開後越上層茶葉越大，越底層茶葉越碎。 10. 茶葉本質和製茶工藝不盡相同，皆影響茶葉釋放質量的速度，可自行調整浸泡時間。			

左　開始先用熱水溫壺。

中　不直接由茶罐倒入茶葉，避免水蒸汽灌入茶罐。

右　出茶所需時間也要算好才能沖泡出優質茶湯。（黃曉琦提供）

蓋碗沖泡，簡單品茗

不論在何種狀況下，用蓋碗泡茶最方便，在更換茶葉時也容易清理不沾味。只想喝一、二泡，茶葉量可少放些，想豪飲時，茶葉量就多放一點。蓋碗與小壺沖泡相同，滋味一層一層泡開，方便聞香賞茶。掀開蓋子還能清楚看到茶葉及茶湯的變化，只是香氣較易散去。

以蓋碗沖泡紅茶，定性定心，更可掌握到莊園茶風味的變化。

器皿	白瓷蓋碗最佳（不建議用玻璃材質）。碗身不可太薄，以防止水溫流失太快，造成茶味平淡。也要避免使用熱度不易散去的厚實陶碗，以免大量釋出苦澀味。			
置茶量	葉碎1公分以下		葉形完整超過1公分以上	
	鋪滿碗底		放至碗身的1/4	
沖泡水溫	春摘茶	夏／秋摘茶	春摘茶	夏／秋摘茶
	攝氏90度	攝氏100度	攝氏90度	攝氏100度
沖泡時間	20秒	10秒	30秒	20秒
沖泡技巧及注意事項	1. 先倒入熱水溫碗，倒掉熱水後置入茶葉，再蓋上蓋子乾溫茶葉。 2. 把茶葉溫出香氣，享受茶香後再開始泡茶。 3. 沖茶時，由碗身沿邊注入熱水，柔和的讓茶葉隨水流翻動。 4. 第一泡無須倒掉，可以直接飲用。 5. 前三泡茶的浸泡時間相同。 6. 每沖一次茶，要把碗內的水倒光，避免茶葉浸置，影響下泡茶的滋味。 7. 沒沖茶時把碗蓋側開透氣，避免茶葉乾熱悶出苦澀。 8. 準備過濾器，倒茶出來時濾掉可能的碎茶渣。 9. 茶葉越碎沖泡時間縮短、越大時間拉長。 10. 茶葉包裝打開後越上層茶葉較大，越底層茶葉越碎。 11. 茶葉本質和製茶工藝不盡相同，皆影響茶葉釋放質量的速度，可自行調整浸泡時間。			

深入大吉嶺，探尋頂級莊園紅茶

左　放入適當的茶
　　量。

中　可先把熱水倒
　　入另一個茶器
　　降溫，再沿碗
　　身外緣慢慢的
　　注水。

右　扣住碗緣，平
　　衡重心，食指
　　輕扣碗蓋倒出
　　茶湯。（黃曉
　　琦提供）

　　如果同時要泡幾款茶來品茗，茶品安排得從淡到濃。每品一款茶前，記得先以白開水淨口去味。

馬克杯沖泡，快速品飲

　　在忙碌、疲累的狀態下，一般人都會以馬克杯沖泡茶包來喝。一方面是對茶較沒有期待，再者好像用茶包沖泡就不會泡不好似的。

　　這個觀念其實可以修正一下。茶包只是把茶葉秤好後加上濾網，與品質好壞沒有太直接的關係。茶包的茶葉，也可以有好品質。最重要的是，別再貪便宜喝有化學殘留物的茶包了。其實也可以買茶葉和茶袋（或濾球）自製茶包。只要茶葉的品質好，用馬克杯還是可以擁有喝好茶的享受。

　　一般碎茶末的茶包，請沖泡一次就丟掉，在外面餐飲店喝的茶包也別續杯，浸泡中或取出茶包時，切勿用茶匙去壓擠茶包，不好的苦澀味會被擠出來。

　　如果茶包內是完整的茶葉，就可以回沖續杯。但用過的茶包要保持乾淨，避免太熱、太溼或放太久孳生細菌。

　　或許也可以買一個和馬克杯容量相等的壺（備有過濾器），把茶葉放進壺裡，茶葉多放點，泡一次、二次，三次都不必久等，可隨時加水續沖，茶韻也飽滿。只要每次茶泡好後，倒入馬克杯，確實把茶葉瀝乾就好。要沖泡、要清洗都很方便。

CHAPTER 7 沖泡出紅茶的個性

器皿	馬克杯內部以白底上釉最佳。由於是柱型深度，香氣較不明顯、茶味彰顯較厚實。一般為300cc容量。			
置茶量	葉碎1公分以下		葉形完整超過1公分以上	
	茶包3公克		茶包3克	
沖泡水溫	春摘茶	夏／秋摘茶	春摘茶	夏／秋摘茶
	攝氏90度	攝氏100度	攝氏90度	攝氏100度
沖泡時間	60秒	50秒	80秒	70秒
沖泡技巧及注意事項	1. 先倒入熱水溫杯，倒掉熱水後再置入茶包。 2. 倒熱水沖茶時，水柱避開茶包。 3. 第一泡無須倒掉，可以直接飲用。 4. 前三泡茶的沖泡時間相同。 5. 每沖一次茶，在取出茶包前，可試喝一小口再調整時間。 6. 不擠壓茶包，避免壓出苦澀味。 7. 茶葉越碎沖泡時間縮短20秒、越大時間拉長20秒。 8. 茶葉本質和製茶工藝不盡相同，皆影響茶葉釋放質量的速度，可自行調整浸泡時間與次數。			

左　馬克杯先用熱水溫杯。

中　不擠壓茶包，直接取出。

右　茶包要保持乾淨，品質好的茶包可回沖數次。（黃曉琦提供）

茶壺沖泡，放鬆分享

　　一般茶壺容量大約600cc，要泡這麼一大壺茶，茶葉浸泡的時間需要長一些，如此一來，熱水溫度便會流失很多，對茶味的釋放會有很大的影響。尤其這麼大的壺一加熱水，壺身就會吸走攝氏10度以上的溫度。所以茶壺一定要先溫到燙手後，再來沖泡才好。

如果水的溫度太低，大吉嶺春摘茶的悠然花香，或夏摘茶的飽滿甘醇，都無法完整釋放。茶質的層次感與厚實度沖泡不出來，除了一整壺茶喝起來滋味單薄，底韻呈現的酸度也會相對升高。

而沖泡這麼一大壺茶，所須時間長，最香最好、對人體最有益的茶質都一次被沖出來，通常不建議再續泡飲用，除非茶渣的味道還很足，才考慮回沖。

茶葉被熱水浸泡後，熱與空氣接觸會加快氧化作用，讓茶味變沉。冬天想要熱熱的喝茶，必須裝進保溫瓶帶出門，最好把茶裝滿些，少點空氣在瓶內，可以延長茶的鮮活與香氣。夏天要冰冰的飲用，千萬不要以熱水沖泡後再自然放涼，這樣茶味會老化。應該以熱水沖泡，水量減半，茶泡

器皿	以白瓷壺最佳。不用陶、鐵材質，壺身內部一定要上釉。圓形壺身在注水時，有助壺內水流流暢，茶葉翻滾。			
置茶量	葉碎1公分以下		葉形完整超過1公分以上	
	500cc水用5公克茶葉量（100：1）			
沖泡水溫	春摘茶	夏／秋摘茶	春摘茶	夏／秋摘茶
	攝氏90度	攝氏100度	攝氏90度	攝氏100度
沖泡時間	4分鐘	5分鐘	6分鐘	5分鐘
沖泡技巧及注意事項	1. 先倒入熱水溫壺，再倒掉熱水。 2. 若使用茶球、茶袋沖泡，茶葉不要放太多，要留有茶葉抒展的空間，不可太緊實。時間到把茶球、茶袋取出即可。取出茶袋時不擠壓茶包，避免壓出苦澀味。 3. 若是直接置入茶葉至壺內，一定要準備一個相同容量的空壺，壺要溫過，浸泡時間到後，把茶以濾網過濾，倒入溫熱的空壺內。不讓茶葉久浸。 4. 沖茶注水時，先倒點高溫的熱水把茶葉沾溼，再開始注入正確的水溫及所需的水量。 5. 沖茶時，水柱沿邊緣柔和注水，茶味會轉柔和。以大水柱用力沖茶葉，茶味會較濃烈。 6. 茶葉越碎沖泡時間縮短30秒、越大時間拉長30秒。 7. 茶味太淡時，可以加長時間，若時間拉長後並沒太多改變，下次沖泡，茶葉量可增加1公克，時間不變。 8. 茶葉包裝打開後越上層茶葉較大，越底層茶葉越碎。 9. 茶葉本質和製茶工藝不盡相同，皆影響茶葉釋放質量的速度，可自行調整浸泡時間。			

左　大壺泡茶前，
　　溫壺最重要。

中　將茶葉裝入茶
　　袋，沖泡完會
　　較好清理，但
　　要留空間讓茶
　　葉抒展。

右　注水的力道需
　　留意，否則會
　　影響茶味。
（黃曉琦提供）

好後再加入冰塊，一樣裝滿至可以密封的容器裡，這樣滋味會較豐富。

　　有人喜歡加入花草水果及其他香料在紅茶裡，享受香香甜甜酸酸的調味茶。為了逼出濃郁的滋味，大都是一併將所有材料以熱鍋水煮。茶葉在水煮的過程中，香氣會很快揮發消失，也容易大量釋放茶葉內無益人體的重金屬物質，並帶出紅茶明顯的苦澀味。建議在煮製一壺調味茶時，茶葉在最後一個步驟再放，並且不要煮久太；或者就把各種調味配方先和水煮好後，再用它去沖泡茶葉。

　　大吉嶺的頂級莊園茶，要享受的正是茶葉細膩的本質風味，不加任何調味最好，才不枉費茶葉的珍貴好品質。

冷泡茶，方便攜帶

　　買市售飲料風險高，還不如自製經濟實惠的冷泡茶，既無添加人工化合物，又乾淨衛生，而且任何茶葉都可以冷泡，能為自己和家人，依喜好的風味作變化。

　　茶葉冷泡，少有咖啡因會被釋出，一般不致影響睡眠。選擇天冷山高、採摘細膩、製茶工藝好的茶葉，咖啡因含量都較低。而且這種品質的茶葉，冷泡的風味也是香甜細緻，可以放心的享受。

　　冷泡茶顧名思義是用冷水來泡茶。用室溫左右的冷開水，茶葉較能順利吸到水分，而展開釋放茶味。要喝冰的，等2分鐘後再放進冰箱。若直接用冰水泡茶葉，要等很久茶味才能釋放。

器皿	選擇壺蓋能緊密，非塑膠類材質的水壺。
置茶量	200cc的水放入1公克茶葉，所以1公升的水只須要5公克的茶葉。
沖泡水溫	室溫冷開水
沖泡時間	浸泡8小時
沖泡技巧及注意事項	1. 茶葉可裝入茶袋裡再放入水壺。 2. 水最好加滿水壺，少些空氣氧化茶味，並減少香氣揮發。 3. 如果講究冷泡茶的好滋味，最好茶葉浸泡到一定時間，就把茶葉濾掉。 4. 不要擠壓茶葉，茶水會混濁難看，也會擠出苦澀味。

　　不像熱泡以秒計算，冷泡是以小時為單位，以茶葉的種類、品質及葉子大小，在時間上做調整。一般茶葉約浸泡8小時左右就很好喝，在天氣熱的室溫下約6小時，直接放入冰箱則要拉長至10小時。可以的話，在室溫下放置4小時，再放到冰箱4小時，香氣甜韻會很不錯。

　　冷泡的滋味本來就淡雅，不會苦澀。想在4小時後提早喝，或12小時以後再喝，都可以。小喝一口，沒味道，頂多再等等；若太濃了，就再加點水，雖然滋味會差一點，但還是可以接受。最後，一定要把茶葉取出，因為茶葉泡爛了，茶水會混濁，滋味不佳。

冷泡茶滋味淡雅，非常適合夏季飲用。

冷泡茶由原本的清澈變為汙濁後就不要再喝，冰在冰箱可保存2至3天。所以，放進冰箱有空再喝，或拿個水壺丟入茶葉帶出門，是最簡單方便的方式。除了個人主觀的偏好之外，用冷泡方式泡茶，不會失誤出錯或沒得救。基本上，泡得好不好喝，完全取決於茶葉的品質。

　　大吉嶺紅茶，以「麝香葡萄果韻」獨享盛名，因喜瑪拉雅山的高冷，使品質更細緻，

故有「紅茶香檳」的典雅美譽。冷泡春摘紅茶，有花香花蜜的甘鮮；冷泡夏摘紅茶，有果香果蜜的清甜。體驗的是—原味，享受的是—純淨。

泡茶是一種自我呈現

泡茶是一項技藝能力的學習，追求視覺、聽覺、嗅覺、味覺及觸覺，接收五感的體驗。

學習泡茶，得清楚自己在做什麼。每個步驟動作，必須專心的觀察、調整和控制。依照環境場合、品飲者的喜好與身心狀態，選擇適合的茶葉風味、適合的沖泡器皿。看到茶葉聞過香、接觸茶器之後，就可決定放置茶葉的量，用什麼溫度、什麼方式、以多少時間沖泡出心中想要的茶滋味。

泡茶過程中的每個動作，最好都能記得。等茶泡好、品了，才能有系統、有方向的找問題，並分析原因。這樣，每個步驟便可以客觀精準的改善，未來可以重複運用，泡茶才會穩定進步。技巧學就會，但需要用對方法。沒運用技巧泡的茶，就像拿琴亂彈一樣，很難與人溝通。

與人用心相處，才能從認識、知心、體諒到共享。用心認識茶的特質，了解茶的性情，接受茶的自然，分享茶的人文。這種交會，有感受、能領悟，人與茶的聯結才能更緊密。泡茶者展現的是茶的個性風味，而一杯茶裡，其實也透露著泡茶者的內在心境。

以中國小壺沖泡紅茶更可以粹取出莊園紅茶的鮮美滋味。

沖泡莊園紅茶
必須重視莊園精神

　　常被問到要如何沖泡莊園紅茶，這時總是先得把程序化繁為簡的說明，以免讓人聽之卻步。其實，每款莊園紅茶要發揮莊園特色，都有沖泡上的差異，不能單靠標準沖泡技巧。

　　莊園要造就頂級紅茶，過程是精緻、繁複而漫長。長年在研究品味莊園紅茶的茶饕都有共同的期待，希望能品出茶樹、土壤、環境、氣候，及莊園製茶工藝要實踐的理想風味。這些風味雖無法具體，要維持不變也不容易。

　　舉例來説，塔桑莊園用AV2樹種製成「喜瑪拉雅傳奇」茶款，所以這款茶還得要包含塔桑莊園環境上向北高冷帶來的霜氣、礫石土壤帶來的沉穩，再加上細緻純淨的莊園工藝。「喜瑪拉雅傳奇」泡出的滋味，不外乎是層次純淨多變、質感細膩卻保持沉穩的山韻，還帶點橙花味。

　　同樣的樹種，圖爾波莊園製成的「月光」，就要包含莊園肥沃土壤帶來的飽實感、莊園工藝帶來的輕柔，和有如月光般的細膩。再換到爾利亞莊園，也用這樹種做成「紅寶石」紅茶，風味就形成晶瑩華麗直接展現，最後留有莊園獨特的堅果甜苦的變化特性。這些都是在沖泡莊園紅茶時，可以表現的茶樹種、環境、工藝及理念的簡單重點滋味。

CHAPTER

8

—

品味莊園紅茶的滋味

品茶像是在閱讀茶葉裡所記錄的生長製作點滴。所以製茶廠的評茶師可以藉由茶葉喝出製茶過程的工藝優缺，茶葉拍賣公司的評茶師可以喝出茶葉的市場價值，茶葉品牌的評茶師可以喝出茶葉的品質特性，而茶饕可以喝出茶葉的真實身分。

只要認識茶葉裡蘊藏的所有香氣滋味，並與身體各個感官相對應，品茶時要察覺出茶葉的優劣，所有的感官都會自己說清楚，一切並非想像中的困難。

首先要瞭解的是，莊園紅茶沒有莊園酒或咖啡來得濃烈刺激，也不可能比玫瑰花茶香或水果茶甜。相反的，越是精製、頂級的茶葉，風味上只會更細緻清雅。真正的品味莊園紅茶，不是要求茶味的強度，而是自己能欣賞到多少細度。

在這個凡事追求快速的現代社會裡，大家提倡「慢活」，好發現生活中的美麗與精彩。品茶也是一樣，茶葉的體積就這麼一點大，能擠進來的味道都很微小，得放慢速度才能細細品味。

品茶沒有門檻，只要用心接收感官的訊息，觀察、體驗、感受與思考，很自然的每個人都做得到。

發現茶滋味

莊園蘊育出的獨特莊園紅茶風味都存放在茶葉裡。簡單來說，製茶工藝就像是加速植物由出生到熟化的過程，停在那個階段，風味就由生澀到老熟變化到那裡。而茶湯的顏色，也跟著由綠到黃、橘、紅、褐、黑，漸漸轉深。茶的味道，則有青草鮮爽、綠豆香甘、小雅白到大艷紅的花香花蜜、杏仁核桃可可的堅果香苦甜及木香木甜等。

基本上，茶的顏色、香氣和滋味是具有一致性的。黃綠色茶湯的香氣和滋味，應該是青草、蔬菜、白黃花，或是白葡萄、青芒果、白甘蔗等，不會出現紅葡萄、紅芒果、紅甘蔗等紅色茶湯的味道。相對的，紅色茶湯也不會出現黃綠色茶湯的香氣和滋味。若是茶的顏色香氣和滋味有不對稱的狀況發生，那可能是由人工添加物所造成的結果。

製茶過程中以高溫運作，可以強調出明顯的熟果酸、焦糖甜或木質

品茶沒有門檻，
只要用心接收感官的訊息，
觀察、體驗、感受與思考，
很自然的每個人都做得到。

甘，茶葉及湯色會跟著變紅變深。但若操作過當就會造成茶葉傷害，讓風味變沉、增加燥味、火味或焦味等，茶葉及湯色也會暗沉。

其他如茶葉本質不良、工藝技術粗劣、混堆茶葉等所引起的各種雜味、油耗味、焦燥味及咖啡因過多的苦味，甚至是太強過濃的人工化學味，都是市場上很容易出現的不佳品質。

茶葉也會表現時間的味道，剛做好時有新鮮味，和留有乾燥時的輕盈燥味，這種燥味，一般在短時間內便會自然消失。隨著存放時間拉長，茶葉顏色會變深，並出現梅醋酸，再轉成沉穩的「老味」。但如果保存狀態不良，茶葉顏色轉暗，而有受潮的黴味、悶黃味等，就是品質變差了。

茶葉最重要的就是內含物本質的飽滿度。茶樹在不健康的狀態下生長，滋味就是平平沒有層次，也不耐沖泡，甚至單薄得如同喝白開水一般。飽滿度品質佳的茶葉，風味是多層次、有變化、延續長，且耐沖泡。特別要注意的是，茶湯的顏色深或茶味厚重，與飽滿度無關，不能代表就是好品質。

喝茶最常接觸到的澀味，會使整個口腔都乾掉。雖然茶有澀味很正常，但大部分人卻是避之唯恐不及。其實本質優異的澀味，要能很快的被唾液推開化解，這種微妙的觸感即稱為「收斂性」。茶葉品質差的，是澀味留在口中化不開、不轉甘甜。而印度大吉嶺紅茶有著「麝香葡萄」般的收斂

茶湯顏色不同，草香、花香、果香滋味也不同。

性，僅僅在舌面迅速附著收乾，隨後柔軟回水化甜，正是最佳的表現。收斂性和澀味二者質感的區別，便顯示著茶葉品質的優劣差異。

另外要提一下茶葉的細緻度。茶葉中有膠質，會讓茶湯輕滑細膩；茶葉中有油脂，則會讓茶湯圓潤厚實。這兩種物質會使茶湯看起來清透明亮，喝起來柔和順口，越豐富表示茶葉品質越優異。如果越少，則茶湯看起來較暗沉，喝起來也較乾澀粗糙。茶喝入口，除了在味蕾上滋味變化很多，在觸覺上質地的感受也相當多。最明顯的就是大葉品種茶樹製作的茶葉，喝起來較厚實，小葉品種的則有較多的細緻觸感。

最後，就是感受茶湯風味的純淨度。當茶樹生長條件天然，茶葉採摘品質一致、製茶工藝精進，茶湯味道自是一層一層不互相干擾，清晰乾淨。這樣的純淨非常不容易，也是茶葉品質的優良指標。

打開所有的感官

在認識茶葉中包含的味道和質感之後，品茶時就可以多一點時間感受視覺、嗅覺、味覺及觸覺等可能有的相互對應。喝茶不僅是口腔內的變化，身體一樣會有感覺，要發現茶與身體的互動影響並不難。實際上與茶接觸，只要用心交流，打開所有感官，就會和茶葉的整體風味有更密切的聯結。

首先，看看茶葉的形狀，葉形完整、細嫩、越有一致性，或茶梗少、顏色繽紛等，茶葉的品質就越優良。泡出來的茶湯清透明亮，品質也有一定的水準。再來，摸摸茶乾，要有脆度，泡開後的葉片，要細緻有彈性、表面不滑不爛也不乾粉等。這些都是茶葉品質優劣的分辨基礎。

和綠茶、烏龍茶等相比，紅茶的香氣是所有茶類中最豐富的。從泡茶前到喝完茶，在整個品茶的過程中，聞香是最完美的一種享受。要嘗香氣，可以聞茶乾、泡開的茶葉、泡出的茶湯，甚至是殘留在器皿上的茶香。除了用鼻子直接聞，也可把茶喝進口裡，經過翻動和口腔溫度，再吞下後產生回韻，引發的香氣再次透過鼻腔吸取。香氣儘管多變，又有輕重濃淡，但一般來說，柔順、自然、飽滿、悠長、有層次，才是最佳表現。

舌頭品嘗味道，有前甜、側酸鹹、後苦的味蕾分布，而辣和鮮則是刺

167

激味覺引出的感受。先不論主觀的風味喜好，自然優良的茶滋味，都要能像甜轉酸、酸鹹由苦中和、苦轉甜等這般活性的轉化。相反的，若嚐到的是一層不變的死甜、死酸、死苦等，就不是好現象。

喉嚨也是有感覺的，好茶能帶出舒服的回甘感、稠滑感與放鬆，不好的茶會讓人有燥、刺、沙及緊縮的不舒服感。

總之，茶喝到口中，味道的活潑變化、觸感的細緻豐富，正是茶葉品質的表現。優質的茶喝進身體裡是放鬆的，體質敏感的人感受到茶氣的流動是舒適的。若肚子感到冷冷刮刮的脹氣或急縮、頭昏、心悸、身體畏寒、悶燥或虛弱，表示此款茶不適合目前的身體狀態，應停止飲用，或更換不同茶性的茶。

茶杯，品味莊園紅茶的開始

品味莊園紅茶，請先準備容量約200ml，杯口外展，杯身淺，白瓷或骨瓷的紅茶杯。這樣的材質不聚熱、杯形不積壓茶味，能讓茶香飄揚，柔和紅茶厚實的本質，容量大的杯子可以大口喝足，很適合品出莊園紅茶豐富飽滿的好滋味。

品茶，請先觀察茶湯。優質茶葉的茶湯會呈現「清、透、明、亮」的光澤，白瓷杯面的茶杯是最好的鑑賞茶具。寬大的杯口讓香氣大面積的散發，喝完茶也容易聞聞附著在杯裡的茶香。

我喜歡喝茶的溫度要比體溫多攝氏25度（莊園紅茶最佳品味溫度約為攝氏65度），讓茶有點熱又不會太燙，香氣和滋味的層次會有更活潑的展現。瓷器的散熱性好，茶倒入杯中，不用等太久就能降到適合的品飲溫度。

至於要不要用吸空氣打轉茶湯的方式來品茶，其實除非品茗訓練或評鑑，不然喝茶不必太刻意。對我而言，保持氣定神閒慢慢的用心感受，自然能提高感官的敏銳度。況且一般喝茶的場合，還是要多注意禮儀，不宜發出太大聲音。

品賞莊園春摘茶

春摘茶茶葉顏色偏白綠色。

品茶，不能以一套標準來衡量所有的茶，一定要尊重茶獨特的本質與鄉土風味。品味莊園茶，是要以欣賞的角度作基礎，從茶樹種的本質味道、地形氣候及土壤的影響、茶園管理及製茶工藝等方面多了解，再選擇適合的方式品嘗出完整的莊園風味。

喜瑪拉雅山3月的春天還是很冷，此時以細嫩茶葉製作出來的春摘茶，茶葉是白綠色，茶湯是黃綠色，香氣、滋味介於青草、白黃花及綠色蔬果之間，有股「青麝香葡萄」的風味。普遍大吉嶺春摘茶的特性，都具備著豐富的層次與膠質。整體而言，品味大吉嶺春摘茶，就是在品味細緻與清香。茶的香氣要能輕揚、乾淨、多變，滋味要能細膩、綻放、轉換，新鮮活潑就是優質的表現。

要品味大吉嶺春摘茶，準備寬口淺底的白瓷或玻璃杯，把茶倒入杯中，先欣賞茶湯的清透明亮，再開始聞香。純淨香氣是春摘茶最迷人的特色，整個品茶的過程都可以好好欣賞香氣的表現。然後等茶溫下降到攝氏60度時再喝。

茶以小口慢慢喝進口裡含著，嘴巴放鬆閉著呈扁平狀，讓口腔內的溫度集中，提升香氣的釋放。黏稠的膠質會阻礙茶風味的展現，造成茶湯入口時會覺得平淡，此時可用舌頭平壓茶湯，往上顎及牙齒後方推，壓開膠質，讓風味變鮮明，牙齒也可以一併感受茶湯的細緻與飽滿。

茶湯入喉前，輕輕用鼻子呼吸一下，換新鮮的空氣進來。再緩慢喝下，滋味會更清晰，也可增加喉嚨的膠稠感。茶湯吞下，嘴巴微張，吸入新鮮空氣，感受香氣的純淨與霜冷的涼氣。春摘茶的風味是入口清淡、口中綻放、入喉回甘。茶湯留在口中的時間越久，留下的尾韻越悠長。

春摘茶的細膩容易對比出舌中心點微澀的收斂性，本質越活潑的春摘茶，化開入喉頭轉甘越是明顯，也越受喜愛。但茶質較差的，是附著滿口

腔的死澀，很難磨掉。

　　當喝完一杯茶，不妨喝上一口清水，好好享受從口中稀釋出來的另一股輕甜。留在杯底的茶香，也不容錯過。漸冷的春摘茶，彷彿膠質凝封了茶湯裡的滋味，雖然層次少些，風味相對沉穩，變成又潤又明顯的甜。

　　屬性溫涼的春摘茶，在天氣或身體燥熱的時候最適合。心情煩悶時，鮮爽的滋味也可讓身體減少負擔、開化心情。無論怎麼品飲大吉嶺春摘茶，風味變化就在一口之間，需要細心感受。簡單一句──慢慢喝茶，就是享受春摘茶的上乘密技。

品賞莊園夏摘茶

　　大吉嶺夏摘茶在5月分開始製作，溫暖的氣候，茶樹茂盛健康，正是莊園展現紅茶製作工藝的最佳時機。這個季節自然生態活潑，茶葉受到許多小蟲叮咬，讓風味又增添各種明顯的蜜香。

　　茶葉發酵度較高，風味更加甘醇。茶葉有白、黃、紅、褐、黑等多種顏色，茶湯則有橙、紅、褐，風味的變化從夏日艷麗的花香花蜜、高山鮮果、熱帶熟果，到堅果類及冷杉木質味，應有盡有。

　　莊園夏摘茶喝起來有厚度，品味便著重在滋味的滿飽細緻、層次豐富、持久多變的特色上。而頂級夏摘茶又以高山小葉種茶樹的嫩芽嫩葉精製而成，香氣和細膩度很高，值得好好欣賞。

　　茶倒入杯中，先賞茶聞香。想體驗茶的甘醇，最好的喝法是，一大口含在口中（茶太燙，可小口慢飲），讓茶湯在整個口腔中流動，包含牙齒前面，以舌頭側邊和兩頰去感受茶湯的飽滿度。然後再細細吞下，給喉嚨多點時間感覺茶湯的層次感。夏摘茶醇厚的茶湯入喉之後，剩下的是薄薄一層沾滿口腔的茶味。要注意的是，滋味需要時間才能甘甜生津，香氣也

夏摘茶茶葉顏色較深。

CHAPTER 8 ｜ 品味莊園紅茶的滋味

170

需要時間才能回韻，所以不必急著喝下一口茶。

夏摘茶屬性溫暖，適合早上起床、天氣較冷，或身體虛寒時飲用。夏摘茶可以舒緩身心，安定心浮氣躁的情緒，也能鬆弛緊繃的壓力。

找到屬於自己的品味

味道是一種私人經驗，兒時庭院的桂花樹、餐桌上媽媽的家常菜，這是具體卻又無法形容的滋味，旁人難以理解。就像大吉嶺莊園紅茶有「麝香葡萄」的風味，或大吉嶺莊園主人常會以當地「青芒果」來形容春摘茶，一樣難以想像。

Cochrane Place飯店用新鮮香草調配紅茶。

每個人的生活經驗、記憶累積不同，以文字理解茶風味時，最是困難，例如塔桑莊園的風格在於悠長山韻，凱瑟頓莊園有著豐富的果香層次，我想這不是聽了硬背就行，是得以自己的角度，親身細細感受。多留意周遭各種味道，建立自身的記憶資料庫，增加對味道的相互連結性，對於風味特質才會越清晰、越深刻。

養成喝茶的習慣，自然就會懂得品茗，而受到茶性的影響，內心也會趨於寧靜。

在印度喝茶

在加爾各答這種大城市，貧富差距大，有錢或窮苦的人各自選擇負擔得起的方式喝茶。賣茶的地方有在路邊地上或攤位上放個器具就煮茶，也有設在建築物內的窄小店面。每當早上上班前、中午休息時間，或是下午任何時段，都可以看見一般市民，買一杯站著擠在路邊喝。想要坐下來喝茶，得付出5～20倍的代價，便可以在小商店或高級餐廳享受。

在大吉嶺的各個城鎮，茶店大都設有坐位。

到500公里外的西里故里，便可用加爾各答一般路邊攤的價格，在設有座位的茶店喝茶，店裡還提供現作的奶油土司等熱食茶點。要選擇更便宜的路邊攤也有。

在大吉嶺的各個城鎮，茶店大都設有坐位。只是在觀光區喝茶，會比路邊攤貴2〜5倍，因此喝茶的人大都是觀光客。當地的人所得不高，多會選擇出門前或回家後，在家煮茶喝。不論是每家茶店或每戶人家，都有自己的煮茶小密技。茶、奶、水的溫度與比例，和所用的香料，加上茶葉品質選擇，各家的滋味都不同。

有趣的是，消費越高的茶館提供的奶茶，往往沒有比較好喝，茶通常淪為小配角。以個人經驗來說，想喝好喝的印度奶茶，就找有店面、以專賣奶茶為主的地方，會比較重視茶的風味，使用的茶葉有一定的品質水準，也會用心煮茶細節。

一位印度朋友邀我去他家，他大姐親自煮私房印度奶茶招待我。

1. 先將茶葉加水煮開。
2. 再將牛奶倒入小鍋中加熱。
3. 將茶湯以濾杓過濾加入牛奶裡。
4. 加入大量的糖，完成。

評茶師和調茶師

在世界知名的茶葉品牌中，都有個很重要的小部門，成員都是有十分敏銳味覺和嗅覺的評茶師。他們必須走訪全球的產茶區，尋找適合的茶品風味；或者就待在公司的試茶室裡，一日喝上百種以上來自各地不同等級的樣品及自行研發調配的茶品。

評茶師的工作分為兩個方向，一是決定要採購的茶葉，二是茶葉銷售品質的控管。歐美國家盛行各種調味茶，所以評茶師也會身兼調茶師的身分，為公司調出符合市場的獨特風味，調配的祕方可是公司相當重要的資產。

因此，專業的評茶師或調茶師，必須相當了解世界產茶國中各個莊園的風味，也要掌握銷售市場的喜好脈動。調茶師更要記住花草水果及各種香料的單獨味道和混調變化，才能與各地莊園的茶葉特色作比例組合，設計出色香味出眾的調味茶。

在大吉嶺莊園的製茶廠，評茶師的工作通常由製茶師擔任，製茶師要為自己監製的茶葉負責，清楚品質變化的原因。

標準的茶葉評鑑，第一排是乾燥的茶葉，第二排是泡開的茶葉，第三排則是泡出來的茶湯。

深入大吉嶺，探尋頂級莊園紅茶

國際茶葉評鑑

國際上標準的茶葉評鑑,一次都有數種到數十種不等的茶款,乾燥的茶葉及標示一字排開在最上方一排,泡開的茶葉放在杯蓋上置於第二排,泡出來的茶湯在最下方一排。茶葉評鑑的內容,從標示、茶乾、茶渣到茶湯,都須被檢視確認。

評茶時,使用茶匙舀或直接拿起茶碗來嚐茶,吸到嘴裡打入空氣分散茶香茶味層次。評鑑杯泡出來的茶很濃,口中評完的茶不吞下,吐到旁邊的鐵桶內,再繼續下一款。

在試茶過程中,如果怕忘記自己滿意的茶款位置,可以把茶碗由自己的位置往外推出一點作為記號,方便回頭尋找。

挑選茶款須以市場動向、產地特色、茶葉特質等作基礎,從鑑定程序中搜集茶葉資訊作為參考分析,最後仰賴評鑑者的專業能力與主觀意識,決定購買的茶款、數量與價格。

正確保存紅茶

說到茶葉的保存期限，很多人收到茶葉禮盒，就擱著像個陳列品不再移動。等到有一天靈光乍現，就翻出來看看罐上標示的保存期限。其實，不論綠茶或紅茶，所有類型的茶，就算過了保存期也不必害怕，只要茶沒受潮發黴，是不會腐壞的。市場上有人一直在蒐集與炒作所謂的「老茶」，買茶保存當投資，有著放越久越貴的迷思，因此下回就算茶葉過了保存期限，可別輕易的丟進垃圾桶。

事實上，茶葉並沒有保存時效的問題，只有保存不當的問題。而且不必懷疑，茶和葡萄酒一樣，放得越久，自然會增添時間的陳味。

所以茶葉保存適宜，有兩種好處，一是延長霜涼輕盈、細嫩甘甜的新鮮度，維持茶葉的本質風味，避免「走味」的遺憾；二是利用茶葉不會停止的風味變化，讓原先的燥火味散去，苦澀味變得圓潤，增添歲月的寧靜沉穩。

所以，只要保存好，綠茶、烏龍茶、紅茶，什麼茶葉都可以成為「老茶」。只是產量不多的大吉嶺莊園茶，沒有所謂的老茶。一來是莊園沒庫存，二來是西方人沒有喝老茶的觀念。最重要的是，大吉嶺高冷優雅的茶性本質，放久變沉重就失去了它的特色。

放茶的位置

談起茶葉的保存，一定要記住，茶葉是怕潮、怕光、怕味、怕熱。茶葉一旦受潮發黴便會危害健康，只要變質變味，就必須丟棄。

台灣潮濕的天氣是茶葉最大的殺手。因此不管住幾樓，要把茶葉放置在離地板一公尺以上的高處，避開夜間下沉的濕氣。另外更要遠離浴室、廁所、洗手台等陰暗或潮濕的地方。

陰涼的環境、太陽永遠照不到的地方，如地下室，就不適合存放茶葉。牆面生壁癌，就如同「請勿靠近」的警語，更要遠離。總之，潮濕、陰暗、多味，或無人氣的環境，都別考慮。

雖然冰箱可乾燥保鮮，但從冰箱拿進拿出，包裝內外的溫差容易引附水氣，所以也不建議放入冰箱存放。另外，廚房是狀況最多的地方，烹煮時太熱、或有油煙等各種混合氣味，也要多加注意。

窗戶、陽台、玻璃門等陽光透進屋子照得到的區域，也是禁區。

因此，客廳、房間、書房等空氣流通、味道乾淨、沒有溼氣，且有人氣

茶葉怕潮、怕光、怕味、怕熱，因此擺放的位置非常重要。

流動的地方，是存放茶葉最理想的位置（最好放在離陽台門窗遠點，或有門的櫃子的上層空間，但是櫃子裡不要再放進其他味道重的東西，以免茶葉受到干擾）。而多雨的日子打開除濕機，也能提升茶葉存放的品質。

另外，也不要將茶葉留放在車裡，若不得已時，請把車子停放在陰涼通風處。尤其要避開陽光直射的地方，車內形成的高熱足以透入包裝裡讓茶葉悶壞。

裝茶葉的器皿

「光」會讓茶葉變質，除了陽光，連燈光都要避免。茶葉裝入玻璃罐，雖然好看卻阻擋不了室內光害。所以，裝茶葉的容器，以不透明材質為佳。但別裝入塑膠容器，時間一久，或氣溫悶熱，茶葉會吸附化學氣味，影響茶的風味。

裝茶葉的容器，除了要使用不透明及非化學材質，也要能耐壓，以保護茶

紅茶裝入密封性高的錫罐最能保住新鮮的豐富滋味。

葉不受擠壓破碎。乾燥的茶葉經不起外力施壓，容易粉碎。越碎越加速茶葉本質風味的揮發，同時也加速吸入空氣中的水分而變質。產生質變的茶碴末，藉著茶葉吸溼吸味的特性，對周遭的茶葉，會形成一種傳染性的破壞。用變質的茶葉泡茶，風味當然也不理想。

一般而言，在品味上強調清香細緻的茶款，如綠茶、白茶、高山烏龍茶、大吉嶺頂級莊園紅茶等，要裝入密封性較好的容器，才能留住香氣、保持原味。以各類罐子來說，錫罐密封效果好，瓷罐亦是很好的選擇，或內部上釉的陶罐也行，不過要注意蓋子是否能緊密蓋上以隔離外部空氣。茶葉裝入茶罐，最好裝滿，減少罐內空氣存在的空間，保鮮效果會更好。

茶葉和空氣接觸的機會多，風味轉化的速度會加快。因此，茶葉最好分裝成「常取用」和「庫存」兩類，以減少取用時曝露於空氣的機會。而在「常取用」的茶葉用盡後，再從「庫存」補滿，千萬不要把最後快變味的茶葉和新置入的茶葉混合，以免影響新茶葉的保鮮期。

市售茶葉包裝的鐵罐，多為錫包鐵的馬口鐵，對於阻隔水氣有不錯的功效。加上台灣多採用真空小包裝設計，對於風味輕揚的茶款，再適合不過。包裝越小，拆封後茶葉用得快，擱置時間縮短，風味受影響的程度便會減少。茶葉在維持真空密封的狀態下，風味保存效果都不錯，但還是會以相當緩慢的速度轉趨成熟。真空包裝2年的茶葉，如大吉嶺春摘茶的清新，會轉化為鮮明的花蜜甜；夏摘茶的高山鮮果滋味，也轉化成熟果和柑橘味。

剪開真空包裝後，記得丟掉內附的乾燥劑。在非真空環境，乾燥劑會呈現吸水的狀態，和茶葉放在一起反而不利。至於打開包裝要多久喝完，得看環境條件及茶葉保存的狀態。其實多久喝完並沒有期限，我的經驗是以2星期內的茶葉品質最好。

至於著重甘醇口感的茶款，如顏色深黑的紅茶、普洱、重發酵及重焙火的烏龍茶等，便需要空氣才能去除雜味、越放越陳。最好使用陶土材質沒上釉的茶罐，有毛細孔可以換氣，一般蓋上蓋子防塵即可。這種存放方式，不是要留住輕盈的香氣，而是要轉換更醇的茶味。在保存上最重要的是避免受潮發霉。

取用茶葉的方法

　　茶葉取用，是影響茶葉保存好壞的重要關鍵。取用茶葉時有兩件事要注意，一要避開茶葉和溼氣直接接觸，二要避免取用時造成茶葉乾碎。

　　人呼出的空氣有水氣、有味道，在觀賞茶葉、聞茶香時，千萬不能對著茶葉吐氣，或者把鼻子埋進茶葉裡，最好先從茶罐中取出適量的茶葉。再謹慎一點，就是取出的茶葉便拿去泡茶，別再放回茶罐。

　　人的皮膚也有水氣，檢視茶葉或取茶葉泡茶時，不要用手直接抓。觸摸茶葉時，以茶匙取出，確認乾燥無潮變即可，碰觸過的茶葉也不要再放回去。

　　很多人為了聞香氣、看清楚茶葉，或想取用茶葉，習慣上下晃動茶罐，這種動作容易讓乾燥的茶葉彼此磨損造成更多茶末，這些粉末容易吸溼變質而影響風味及保鮮期限。

　　比較正確的方式是以茶匙取用茶葉，但別以茶匙往茶罐裡硬挖，這樣容易擠碎茶匙周邊的茶葉。應該先把茶匙伸入茶罐，以穩定茶匙、轉茶罐的方式讓茶葉自然落入茶匙中，或是用茶扒撥出要用的茶葉到乾燥的器皿上，也不可直接把茶罐對著溫過的茶壺或茶杯，以免溼熱水氣竄入茶罐中。

　　剪開真空包裝後，可以將茶葉保留於包裝內，多一層阻隔保障。取用完茶葉後，稍微擠出包裝內多餘空氣，但不要壓擠到茶葉，然後用夾子封住開口即可。不要貪圖方便，以橡皮筋套綁茶葉包裝封口，因為這個動作會壓碎更多茶

左　取用茶葉時要避免茶葉和溼氣直接接觸，及不要造成茶葉乾碎。

右　取用茶葉的器具，上為茶扒，下為茶則。

乾。總之，茶葉越碎，香氣及風味都會揮發得較快，也容易受潮變質，進而污染整罐茶葉。

醒茶

大吉嶺莊園紅茶在製成時，為了保存效果，茶葉總是刻意去除溼度，保持乾燥。茶葉在密封久存之後，風味會像悶住、睡著了一樣，完全的靜下來。而大吉嶺紅茶的特質，是以細緻優雅、層次豐富聞名，若能和新鮮的空氣稍有接觸，就能持續活化風味。

因此，如果要喝到香氣最好、風味最豐富的茶，最好先做「醒茶」的動作。這和莊園葡萄酒要醒酒是一樣的，只是葡萄酒醒過便須立即喝完，而醒過的茶葉可能需要較長時間才會沖泡完畢。因此，「醒茶」不能太暴力，須要慢慢做。否則醒過頭，茶葉的香氣迅速消散，風味也會迅速減弱，便不容易維持長時間一貫性的好滋味。

醒茶要怎麼做呢？每天打開密封包裝或茶罐，轉茶罐滾動茶葉，讓茶葉和新鮮的空氣接觸後，再把茶罐蓋好。一天做個二、三次，每款茶葉狀況及存放環境條件不同，要視狀況調整，一般到第三天以後，聞聞茶葉的香氣，若茶香正要開始鮮明，就可以停止醒茶動作。此時，就是喝茶的時間了，接下去幾天，都會是茶葉風味最活潑的日子。要請大家喝茶，此時是最佳時機。

剛做好的大吉嶺莊園紅茶，都會有新製茶活潑的輕飄個性，和乾燥茶葉時的燥味。不過，這種味道，在茶商買茶運送、到進口報關檢驗、再包裝上市，大概就已自動消失，風味逐漸穩固。但是有些莊園會以高溫乾燥茶葉，燥味很重，直透喉嚨深處。這時在打開茶葉包裝後，可以靠「醒茶」減緩一部分燥味。不喜歡這種風味的人，在買茶時就要避免。畢竟，「醒茶」的主要目的，只是讓風味「活化」。

另外，中國及台灣在製茶工藝上有一項「焙火技術」，這是一門專精的學問，除了可調整茶葉風味外，也形成一種品味。而焙過火的茶葉會留下熱火燥味，通常必須以長時間存放茶葉的方式，讓燥味退去、火味慢慢沉穩下來，茶喝起來才會順口。但是印度大吉嶺紅茶，喝的是新鮮的豐富香味。在各莊園間，目前並未以這項製茶技術來取得這樣的火韻。高山的嫩芽嫩葉留下過重的火味，會失去莊園鄉土風味，這似乎並不是值得欣賞的好味道。

回到城市

　　一路從大吉嶺羣山雲霧中繞下平地，人車越來越多，越來越密集，心中開始有些不安。山裡的人友好、善良、真誠，無論如何，臉上總是掛著笑容。下山之後，來到「繁華擁擠」的城市，街民躺臥、小孩乞討、人車爭道，能見的笑容少了，打招呼的狀況也不見了。看不到美麗的景致，只感受到無形的壓力。

　　在印度旅行的途中，常和當地人聊天，發現印度失業人口真的很多，尤其像加爾各答這種競爭激烈的大城市。這裡的有錢人非常有錢，貧窮的就一無所有，而在兩者之間的大多數人，就在為了賺一點點小錢生存而掙扎。

　　莊園裡教育資源有限，在這裡長大的孩子，出了大吉嶺，較沒有競爭力。儘管如此，總有一波接一波的年輕人，期待著外面世界的美好，年輕人依舊紛紛找機會到外地打拼，很多卻被都市淘汰而返回莊園。在現實和理想的衝突間，總是無力改變事實，最後仍舊必須回歸單純的山上生活。

　　雖然在大吉嶺莊園工作不會富有，物質也缺乏，也無法享受便利，但莊園會保障生活無憂。一點小錢就可以吃一餐、每天上班、上學走在無人荒境2小時是家常便飯，外人看來辛苦，卻相對簡單。

　　慶幸的是，只要身在大吉嶺，自然環境都會給每個在這裡生活的人一種純樸的個性。

左　又回到熱鬧的火車站。
右　莊園的女人們帶著水和午餐準備一天的採茶工作。

外一章

臺灣紅茶

「臺灣紅茶真是好喝」！相信這是近年來喝過臺灣紅茶的人的共同感受。

　　走進下午茶餐廳或全球最大的咖啡連鎖集團，MENU上不時可以看到臺灣紅茶的品項，如日月潭紅玉紅茶、蜜香紅茶等，一股臺灣紅茶文藝復興風潮原來早已悄悄開展！但在欣喜之餘，我們對臺灣紅茶又有多少瞭解？臺灣紅茶是否也有機會像大吉嶺莊園紅茶般風靡全球？

　　據傳臺灣紅茶最早起源，可追溯至清朝劉銘傳擔任台灣巡撫時期，於現在新北市石門、三芝等地，用小葉種「硬枝紅心」品種，以仿效祁門工夫紅茶的技藝，產製「阿里磅紅茶」；但因風味不足，產量低，當時並未引起風潮。

　　直至臺灣割據給日本，基於殖民國利益，才開始有計畫、有規模、有深度地開發臺灣土地，讓福爾摩沙紅茶有了深厚發展的根基，日後足以與烏龍茶、包種茶，分庭抗禮，編寫出臺灣紅茶美麗的一頁。

臺灣紅茶短暫的崛起

　　臺灣紅茶初期發展成效不彰，但從錫蘭所引進的製茶技術，卻開闊了當時茶人的視野。隨著明治維新所興起的西洋熱，讓日本王公貴族喜愛上了歐洲皇室最流行的下午茶，於是便在氣候條件適合種植優質紅茶的臺灣，重點開拓、經營，以滿足殖民母國的利益需求。

　　日本人總是執著自己所設定的目標，以更具規模及國際格局紮根臺灣茶業。組織上，1902年在平鎮設立製茶試驗場（今桃園茶改場），試製臺灣紅茶，並銷往土耳其，打開外銷歐洲大門，而後引領日本茶葉公司不斷地在臺灣土地上改良技術、提昇品質，奠定日後發展大葉種紅茶的基礎。二十個寒暑後，透過當時平鎮茶葉試驗支所（隸屬當時台灣總督府之中央研究所），從印度阿薩姆引進之大葉種茶種，終在魚池試種成功。此時，「魚池」便成了臺灣紅茶原鄉與代名詞。

　　阿薩姆品種從印度拓展至錫蘭、臺灣等地，彷彿卡本內－蘇維濃（Cabernet Sauvignon）葡萄品種從法國拓展至美國、南美一樣，但風味上

卻因風土條件的不同而各顯特色。橫亙魚池的山坡地坡度變化大，海拔近800公尺，年均溫約20度，年雨量接近2500公釐，土壤有機質豐富，日本人視為臺灣培育栽種大葉種紅茶的最佳產地。所製的紅茶，1928年以「Formosa Black Tea」為名，透過日本商社於倫敦及紐約銷售，大獲好評。於此，臺灣紅茶的光輝時代正式開啟。

臺灣阿薩姆茶葉訴說著百年臺灣紅茶的美麗與哀愁。

當時這場「舊世界vs新世界」的紅茶爭輝，表面上是如日中天的英國Lipton（立頓）正面迎擊旭日東升的日本Nitton（日東），實際上是阿薩姆原產地印度與新興產地臺灣的紅茶風味大戰。當時，臺灣阿薩姆紅茶接續著「Formosa Oolong Tea」的光榮地位，引領臺灣茶業風騷。

然而，好景不長，臺灣紅茶在成本結構及經濟規模的劣勢下，於1970年代急速消逝，令人惆悵不已。

別具風味的臺灣紅茶

日本紅茶大師——磯淵猛，沸騰了四十年的紅茶熱血，不斷地尋訪中國、斯里蘭卡等紅茶原鄉，更為了探索錫蘭紅茶之父——James Taylor的出生地，飛至濕冷的蘇格蘭小村落，一圓人生的紅茶旅途。這種愛到無以復加的感染力，紅茶說明了一切！可惜的是，臺灣曾為日本殖民時期最重要的紅茶產地，卻不在這位紅茶大師的地圖上。過去數十載，臺灣紅茶就像山谷裡角落的野百合，雖不致於孤芳自賞，但世人卻忘了這朵野百合過去也曾有的繽紛春天。

羅素克洛所主演的電影《美好的一年》（A Good Year）中，深受當地人讚賞的紅酒——失落的角落（Le Coin Perdu），終於在男主角Max回心轉意接手後，有了長遠發展的契機。這十幾年來，臺灣茶園也有越來越多的

臺灣紅茶的文藝復興，輕盈滑順的蜜香紅茶（左）及圓潤飽滿的紅玉紅茶（右）。

Max們，萌生臺灣紅茶的文藝復興運動。其中，紅玉及蜜香紅茶的出世，活潑了本地紅茶風潮。讓世人知道，原來，臺灣也有這麼好喝的紅茶！

近年來本土紅茶的品茗樂趣，讓臺灣紅茶風土愈漸成熟。

相較於中國、印度及斯里蘭卡紅茶的博大精深與豐富多元，臺灣紅茶兼具大家閨秀的優雅及小家碧玉的細膩，如小葉種紅茶輕盈滑潤、大葉種紅茶奔放紮實，展現出不同於舊世界紅茶的活潑、多變與包容性格。每一杯別具風味特色的臺灣紅茶，因北回歸線上多樣性的風土樣貌、品種及製茶工藝，編寫出令人驚嘆又別具創意的紅茶協奏曲。

品種

臺灣大葉種紅茶包括阿薩姆、野生山茶、紅玉紅茶等品種，以臺灣紅茶原鄉魚池為主要產地。

臺灣阿薩姆紅茶經改良後，香氣不似典型阿薩姆所散發出來的麥芽香，反而是有帶著熟成水果的香氣，口感上紮實醇厚具熟果韻。水沙漣（日月潭）野生山茶正如其名，口感奔放強勁，飽滿甘爽，洋溢著青草、玫瑰花等複合香氣，芬芳宜人。最具深度及特色的莫過於臺茶十八號的紅玉紅茶，薄荷、肉桂及玫瑰香氣交織，層層鮮明；茶湯滑潤豐富、甜爽甘醇，充滿著海島豐富情調，放諸世界紅茶味蕾地圖，獨樹一格。

　　至於臺灣小葉種紅茶，是符合本地消費者口味偏好所蘊育而生的茶品。善用烏龍茶樹，如青心烏龍、青心大冇、青心柑種、大葉烏龍、金萱、四季春等為品種，巧妙融入東方美人茶的採摘方式或烏龍茶烘焙工藝，發展出甜香系小葉種紅茶。若依典型紅茶製程，採摘FOP或OP等級，臺灣小葉種紅茶茶體（口感）則相當輕盈（light full-bodied），包括青心烏龍、青心大冇、四季春等品種，呈現出淡淡優雅花香及微弱果酸的風味，而金萱及正欉鐵觀音品種的茶體則較為醇潤，果酸味活潑。倘若以小綠葉蟬叮咬製作後的蜜香紅茶，那似東方美人茶般熟悉的蜂蜜香氣，更為直爽而濃厚；口感上，蜜甜茶湯圓潤滑順，帶出溫熱帶水果風情。

產地

　　只要稍微留心，蜜香及紅玉紅茶處處可見，但究竟產地風味如何，卻常常困擾著尋茶、品茶的朋友。這幾年親訪產地，驚喜著因微型風土環境所造就的不同特質。

蜜香紅茶

以包種茶聞名的坪林、石碇地區，夏季以金萱及青心烏龍所製作的小葉種紅茶或蜜香紅茶，茶韻表現類似文山包種茶，清雅花蜜香、輕盈滑潤甜。三峽地區以青心柑仔所製作的蜜香紅茶，茶湯溫和醇順，帶點水果熟成的豐實感，近年來更獲得星巴克青

熱情驕陽的花東縱谷，茶園鋪陳著甜蜜襲人的舞鶴蜜香紅茶。

睞，成為國際連鎖咖啡龍頭進軍大中華茶飲市場的前鋒部隊。

至於蜜香紅茶原鄉花蓮舞鶴的台地上，以大葉種所製的頂級蜜香紅茶，細緻手採如東方美人般講究，熱水沖泡，馥郁花蜜香氣瞬間綻放，甜蜜襲人，就像花東平原的驕陽，熱情而奔放；口感上，也似東海岸明月，清亮、皎潔地灑落，類似新鮮高山水梨果甜味，滋味風情萬種，可說是蜜香紅茶的極品。而南投松柏嶺地區小葉種紅茶（四季春、金萱品種），香氣及口感維持一貫的基調，口感輕盈滑潤，其中金萱品種果酸味較鮮明。而高海拔地區之小葉種紅茶，因氨基酸的加持，茶體更顯輕盈，口感清新、甜潤。

不同產地多采多姿的蜜香紅茶風味，就像台灣烏龍茶般寬廣豐富。

檳榔樹及紅玉茶樹交織的魚池紅茶茶園，透露著地方產業的更迭。

紅玉紅茶

紅玉紅茶這幾年也開始於魚池鄉以外的茶園種植。風味上，紅玉原鄉魚池所產製的夏摘紅茶因多樣的氣候地型條件，造就鮮明多層次的茶湯滋味，口感上圓潤醇厚，饒富深度，散發著複合花草濃郁香氣。初嘗仲夏紅玉，若是錫蘭紅茶愛好者，一定

會驚訝她竟有如Nuwara Eliya的森林果梅回韻；如是偏愛天然花草風味，一定可品嘗到類似薄荷的香氣，茶湯上層卻又泛著如玫瑰花粉般感受的鮮爽風味；最後以圓潤肉桂甜韻收尾。這正是仲夏季節賦予魚池紅茶的產地風味。

坪林地區，屬紅玉紅茶新興產區，產量少，風味上多點類似文山包種茶般飄逸清揚的感受。夏季氣溫較魚池低約3度，舒緩葉芽生長，漫射陽光也不似魚池強烈，兒茶素相對比例略少，以8、9月所產製的紅玉紅茶薄荷涼氣最為鮮明，口感上輕盈甜滑。

而花東地區茶園也屬新興產區，所產製紅玉紅茶，正如夏季豔陽般，茶單寧豐富厚實，如辛香料般；尤其在澀覺感受上，直接強烈地觸動味蕾，而後肉桂及熟果蜜甜尾韻又如夏日黃昏日落，餘溫不已。

鐵觀音紅茶

紅茶復興也吹向了臺灣正欉鐵觀音產地木柵，藉由木柵農會與臺灣茶葉改良場，簽訂鐵觀音紅茶產製技術授權及移轉，木柵農會這1、2年來，積極鼓勵產區茶農，在夏秋茶季時，挑選正欉鐵觀音或青心烏龍的一心二葉茶菁，製作鐵觀音紅茶，正式名稱為「韻紅紅茶」，取名「韻紅」，故名思義即在彰顯鐵觀音的鮮豔紅湯及渾厚回韻。

在品嘗第一屆韻紅紅茶特等獎的茶後，我的感想是，以「正欉鐵觀音茶種」所蘊育出來的茶，更能展現「美如觀音韻如鐵」的滋味，茶體圓潤醇爽，弱果酸茶湯尾韻透露出「韻如鐵」的鐵觀音品種風格，而最鮮明之處莫過礫石／礦石味輕輕泛在茶湯上層，充分展現木柵茶區地質中砂岩、頁岩及石英岩的風土滋味，也期望韻紅紅茶在後續產製水準不斷提昇，讓我們對臺灣莊園紅茶能有更多悸動。

2013年木柵正欉鐵觀音紅茶（韻紅紅茶）特等獎茶葉。

工藝

　　臺灣不似印度、斯里蘭卡或肯亞等紅茶產地，以大規模生產及機器製作BOP或CTC茶原料大量供應市場，而是以過去烏龍茶精巧技藝所奠定的工藝底蘊，讓紅茶發展、茶菁採摘，甚至在製作上，融入更多臺灣烏龍茶的精神，建立屬於地方風味的特色，如聰明的臺灣茶農延用炭焙烏龍茶工藝，在臺灣紅茶後端的製作上，讓紅茶有了凍頂烏龍之回甘韻，或古法東方美人茶之醇韻等，皆是地方創意的展現。

　　顯然的，以原葉茶OP等級為基礎，往更精致的FOP、FTGFOP或Golden Bud、Silver Bud等精品紅茶發展，不見得是臺灣紅茶邁向精緻莊園紅茶的最佳方向。如何真實呈現「風土」滋味，認清本地大葉種及小葉種紅茶的本質，接軌國際紅茶產製標準，考究春、夏、秋不同季節的製作特色，莊園紅茶工藝才能累積成長。

臺灣莊園紅茶

　　嚴格來說，瞭解國際紅茶產製標準及莊園風土精神的臺灣茶農少之又少，但放諸莊園紅茶世界，臺灣仍有值得品嘗的本地莊園紅茶。

產製工藝對比，臺灣蜜香紅茶（左）、大吉嶺莊園紅茶（右）。

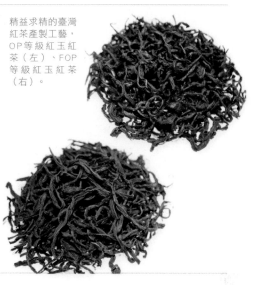

精益求精的臺灣紅茶產製工藝，OP等級紅玉紅茶（左）、FOP等級紅玉紅茶（右）。

實行自然農法的大雁茶園，葉師傅以國際標準採摘一心二嫩葉，產製臺灣莊園紅茶。

南投魚池大雁莊園

走進大雁社區周遭的山林，以往觸目所及都是檳榔樹漫立的景象，現在紅玉紅茶茶樹參差其中，漸漸遍布，顯示著產地經濟的興替。

大雁紅茶莊園的葉冠英師傅，原本在台中從事市內設計工作，返鄉種茶及製茶有5年了，他深知紅玉紅茶未來，唯有發展莊園紅茶特色，原鄉的紅茶風土滋味才能精緻深化。

茶園採自然農法方式養護，野草山花交錯於茶樹間，不時可見成群蝴蝶飛舞，偶有土撥鼠頑皮地探頭，豐富多樣性的生態，幾乎讓人忘了作茶這件苦差事。直至今日，茶樹從未噴灑過農藥，初生的葉苗常常被蟲叮咬而光，但是自然界的平衡，終會給在土地上認真工作的人回報，於是奮力長成的臺茶十八號的茶苗，為大雁莊園提供頂級紅玉紅茶最佳原料。

不同於以往臺灣紅茶混堆及後烘焙的產製工法，葉師傅遵循國際紅茶產製規範，掌控不同季節的茶菁特性，適性而為。只採一芯二嫩葉（OP），確保茶菁原料的整齊性；多階段不同溫度發酵工法，讓花香、薄荷香層層堆疊，並細膩帶出圓潤肉桂甜尾韻，而這正是臺灣紅玉紅茶原鄉的甜，雖離大吉嶺頂級製茶工藝有些距離，但莊園紅茶的種子已漸漸萌芽。

輕盈柔順的蜜香紅茶，吳師傅以青心烏龍茶種，成就了臺灣高山蜜香紅茶莊園風情。

南投清境高山蜜香紅茶

　　芒種，正是桃竹苗東方美人茶一期一會最重要的產製季節，同時節位於南投山區的清境茶區，高山氣候消除，6月漸悶暑氣漸熱，但南湖大山清涼的氣息，與來自縱谷溫濕熱氣匯集，正好讓山坳地勢的清境茶園，一時片刻潮濕悶熱，醞釀出小綠葉蟬繁衍的優良環境。高山茶苗一心一嫩葉的豐富氨基酸成分，及小綠葉蟬著涎後的蜜甜，提供了高山蜜香紅茶細緻質地的轉化養分。

　　吳明洲師傅是茶園的主人，高山蜜香紅茶已經是第四年產製了，回顧2010年，當時夏季第一次試產後的風味，出乎意料地呈現不同於平地蜜香紅茶般地柔順，那輕盈柔潤花蜜甜香，在口感上雖略顯青澀苦味，以優質青心烏龍茶菁，再搭配當代莊園紅茶工藝，啟迪了吳師傅製作FOP等級莊園紅茶的心念。

歷經四載，茶園不僅拿到了官方有機驗證，夏摘FOP等級高山蜜香紅茶，也讓北美市場的紅茶茶饕，學習如何品味臺灣小葉種細緻風情的莊園滋味！

花蓮舞鶴的東昇茶行

　　芒種，也是東海岸蜜香紅茶的豐年季，舞鶴紅茶由凋零至復興，東昇茶行的粘阿端師傅可是點滴在心頭。她是全臺茶區少見的製茶女師傅，心思細膩、工藝細緻，造就紅茶金牌獎的蜜香傳奇。

　　小葉種的大葉烏龍嫩芽略顯肥壯，小綠葉蟬著涎後的蜜甜茶湯滋味更顯豐富，粘師傅只採摘小綠葉蟬充分著涎後的一芯一嫩葉（FOP），不盲目追隨地區比賽茶準則，粘師傅更在乎如何成就產區極具特色茶品。當然，「著涎」就是舞鶴台地上最佳紅茶的風土滋味。

　　若以國際紅茶等級劃分，東昇茶行採摘的已是FOP檔次，取法東方美人茶的精髓，按照不同著涎程度的茶菁區分等級；著涎越良好，精湛製茶工法越須講究，蜜香質地才能越純淨，這可是長年不斷累積進化的經驗及技能。後端製程上，只須短暫高溫乾燥，即能封存蜜甜香、鮮果韻的頂級蜜香紅茶特色，正是粘阿端師傅追求的臺灣莊園紅茶風格及工藝。

左　花蓮東昇茶園，粘師傅以小
　　綠葉蟬著涎後，一心二嫩葉
　　為採摘基底。

右　嚴選精緻的蜜香紅茶茶葉，
　　已具國際紅茶產製的TGFOP
　　等級。

深入大吉嶺，探尋頂級莊園紅茶

重返臺灣紅茶的美好年代

　　Formosa Black Tea百年前曾經在倫敦、紐約引起熱烈迴響，至今臺灣茶人仍津津樂道，那是屬於臺灣紅茶的美好年代。這一刻，臺灣紅茶欲重返榮耀，見賢思齊，取經世界頂級紅茶莊園，接軌國際，讓Formosa Black Tea能與大吉嶺、阿薩姆、錫蘭、中國紅茶等看齊。

　　讓國際茶人看得懂、喝得懂，以國際紅茶共通語言──原葉茶等級產製，是發展臺灣莊園紅茶的重要基石。無論是印度莊園紅茶慣用的SFTGFOP、FTGFOP等級或中國紅茶黃金毫芽（Golden Bud）等精品工夫紅茶形象，在國外紅茶文化的渲染下，早已深植歐美日消費者心中；而在臺灣產地上，東方美人茶以白毫烏龍美麗的姿態風靡一世紀，在地紅茶也能多嘗試以此細膩採摘來製作（頂級蜜香紅茶即是一例）！再者，另一個努力方向，應是認真考究在地紅茶春、夏、秋不同季節製作的特色，呈現季節風味，搭配等級分類，接軌國際莊園紅茶，讓本地紅茶能彰顯臺灣風土。

　　在大吉嶺莊園紅茶國度裡，茶、人、風土、工藝，豐富了品飲人士的想像，啜一口茶，可以感性地想像自己漫步於87個大吉嶺莊園中，也可以紮紮實實地鮮明體驗一杯香檳紅茶的風土滋味。臺灣紅茶才在復興，我們也有許多茶人及土地等元素可以構築莊園文化故事，再者，地方產銷班發展多時，產業聚落已略發展出莊園紅茶雛型，比賽茶制度更精緻茶農的製茶技術；接下來，如何將技術提升至技藝，多點風土人文訴求，更清楚定位，回歸本質，臺灣多樣化風土條件是能透過莊園概念展現的。

　　國際茶人在品嘗一杯大吉嶺或錫蘭紅茶時，總能訴說紅茶風味背後的風土條件，如茶園、產地故事、品嘗方式、品味心情等。臺灣紅茶，多點國際觀，多些人文底蘊，放寬格局及視野，讓國際茶人也可以品味著臺灣的紅茶，訴說著臺灣的故事！

旅遊生活

養生

食譜　　收藏

品酒

語言學習

設計　育兒

手工藝

靜態閱讀，互動app，一書多讀好有趣！

CUBE PRESS Online Catalogue
積木文化・書目網

cubepress.com.tw/books

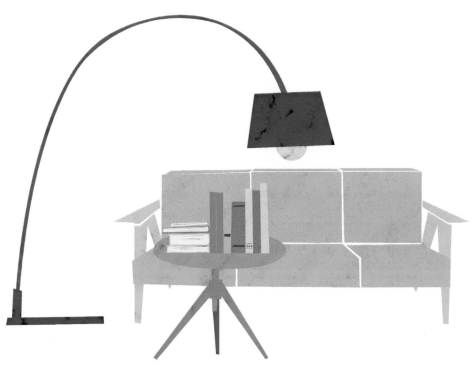

LIGHT

HANDS

art school

遊藝館

五感生活

飲饌風流

食之華

五味坊

漫繪系

deSIGN+

wellness

VV0051

深入大吉嶺，探尋頂級莊園紅茶

作　　　者	邱震忠、楊適璟
攝　　　影	邱震忠、楊適璟、李采渝、蔡奕哲、黃曉琦、江建勳

總 編 輯	王秀婷
主　　編	洪淑暖
版　　權	徐昉驊
行銷業務	黃明雪

發 行 人	凃玉雲
出　　版	積木文化
	104台北市民生東路二段141號5樓
	官方部落格：http://cubepress.com.tw/
	電話：(02) 2500-7696　　傳真：(02) 2500-1953
	讀者服務信箱：service_cube@hmg.com.tw
發　　行	英屬蓋曼群島商家庭傳媒股份有限公司城邦分公司
	台北市民生東路二段141號11樓
	讀者服務專線：(02)25007718-9
	24小時傳真專線：(02)25001990-1
	服務時間：週一至週五上午09:30-12:00、下午13:30-17:00
	郵撥：19863813　　戶名：書虫股份有限公司
	網站：城邦讀書花園　網址：www.cite.com.tw
	香港發行所／城邦（香港）出版集團有限公司
	香港灣仔駱克道193號東超商業中心1樓
	電話：852-25086231　　傳真：852-25789337
	電子信箱：hkcite@biznetvigator.com
	馬新發行所／城邦（馬新）出版集團
	Cite (M) Sdn Bhd
	41, Jalan Radin Anum, Bandar Baru Sri Petaling,
	57000 Kuala Lumpur, Malaysia.
	電話：603-90578822　　傳真：603-90576622
	email: cite@cite.com.my

設　　　計	許瑞玲
地圖繪製	郭家振
數位印刷	凱林彩印股份有限公司

2015年3月31日 初版一刷　　　　　　Printed in Taiwan.
2022年9月 8日 初版六刷（數位印刷）
售價／450元
版權所有・翻印必究
ISBN 978-986-5865-88-7【紙本／電子書】

國家圖書館出版品預行編目(CIP)資料

深入大吉嶺,探尋頂級莊園紅茶 / 邱震忠, 楊適璟
作. -- 初版. -- 臺北市：積木文化出版：家庭
傳媒城邦分公司發行, 2015.03
　面；　公分
ISBN 978-986-5865-88-7(平裝)

1.茶葉 2.製茶 3.文化

481.64　　　　　　　　　　　　104003306

特別感謝居禮名店（Curio Boutique）提供茶具協助拍攝。